生命大设计

创生

BIOCENTRISM

How Life and Consciousness are the Keys to Understanding the
True Nature of the Universe

[美] 罗伯特·兰札　　鲍勃·伯曼 ◎ 著

Robert Lanza, MD　with　Bob Berman

杨泓 ◎ 译

中国科学技术出版社

·北 京·

本书中文简体字版通过 **Grand China Happy Cultural Communications Ltd**（深圳市中资海派文化传播有限公司）授权中国科学技术出版社在中国大陆地区出版并独家发行。未经出版者书面许可，不得以任何方式抄袭、节录或翻印本书的任何部分。

北京市版权局著作权合同登记　图字：01-2023-3207

图书在版编目（CIP）数据

生命大设计 . 创生 /（美）罗伯特·兰札
(Robert Lanza)，（美）鲍勃·伯曼（Bob Berman）著；
杨泓译 . -- 北京：中国科学技术出版社，2024.5
书名原文：Biocentrism: How Life and
Consciousness are the Keys to Understanding the
True Nature of the Universe
ISBN 978-7-5236-0437-3

Ⅰ . ①生… Ⅱ . ①罗… ②鲍… ③杨… Ⅲ . ①生命科学 - 普及读物 Ⅳ . ① Q1-0

中国国家版本馆 CIP 数据核字 (2024) 第 039810 号

执行策划	黄　河　桂　林	
责任编辑	申永刚	
策划编辑	申永刚　方　理	
特约编辑	汤礼谦　钟　可	
封面设计	东合社·安宁	
版式设计	东合社	
责任印制	李晓霖	

出　　版	中国科学技术出版社	
发　　行	中国科学技术出版社有限公司发行部	
地　　址	北京市海淀区中关村南大街 16 号	
邮　　编	100081	
发行电话	010-62173865	
传　　真	010-62173081	
网　　址	http://www.cspbooks.com.cn	

开　　本	787mm×1092mm　1/16	
字　　数	192 千字	
印　　张	15	
版　　次	2024 年 5 月第 1 版	
印　　次	2024 年 5 月第 1 次印刷	
印　　刷	深圳市精彩印联合印务有限公司	
书　　号	ISBN 978-7-5236-0437-3/Q·262	
定　　价	68.00 元	

（凡购买本社图书，如有缺页、倒页、脱页者，本社发行部负责调换）

△
▼

如果不考虑生命和意识，

我们当前关于物质世界的理论是无效的，

也绝不会使它有效。

生命大设计

—

创生

—

—

BIOCENTRISM

—

爱德华·唐纳尔·托马斯（E. Donnall Thomas）

1990 年诺贝尔生理学或医学奖

弗雷德·哈金森癌症研究中心临床研究部主任

就像《时间简史》（*A Brief History of Time*）一样，本书确实很令人兴奋，并且将生物学引入全部思考之中。无法用简短的文字对这样一篇学术文章做出评价。几乎每个人类社会都曾经借助神来解释我们周围存在的神秘现象。科学家们致力于从无限的空间或原子的内部机制中获得客观答案。兰札提出了生物中心主义理论，将答案归因于观察者，而不是被观察者。

《生命大设计.创生》是对科学和哲学的学术性思考，将生物学纳入统一整体的核心作用中。此书会吸引许多不同学科的读者，因为它以一种全新的方式来看待我们存在这一古老问题。最重要的是，它能激发你的思考力。

罗纳德·格林（Ronald Green）

达特茅斯学院道德和人类价值观研究荣誉教授、伦理研究所前主任

这确实是一部令人兴奋的著作。我对兰札所讲的一些事情非常熟悉。正如兰札所认为的那样，意识创造现实的想法既有量子理论支持，也与生物学和神经科学的一些东西相一致，比如关于我们自身结构的看法。从更高层次上看，兰札带来了戏剧性的新哥白尼式变革。就像人们现在才认识到，太阳并没有移动，而是我们在移动那样。所以兰札认为我们是实体，是赋予我们称之为现实的所有可能结果的特定配置以意义的实体。我认为这是一部伟大的著作。

安东尼·阿塔拉（Anthony Atala）

2022 年雅各布森创新奖获得者、维克森林大学再生医学研究所主任

罗伯特·兰札，一位世界著名的科学家，跨越了从药物运输到干细胞再到防止动物灭绝的许多领域，显然是我们这个时代最杰出的思想家之一。他的《宇宙新论》一文再次做到了跨界。该文囊括了人类在过去几个世纪中获得的所有知识，将之与人类自身的存在相关联，正确地看待我们的生物局限性。这些局限性阻碍了我们对围绕我们的存在和周围宇宙的更大真实情况的理解。生物中心主义这个新理论肯定会在未来几个世纪里彻底改变我们对自然规律的认识。

大卫·汤普森（David Thompson）

美国国家航空航天局戈达德太空飞行中心的天体物理学家、戈达德太空飞行中心和美国国家航空航天局集团杰出成就奖获得者

作为一名天体物理学家，我致力于研究那些巨大且非常遥远的物体，却完全忽略了意识作为宇宙重要组成部分的问题。罗伯特·兰札的著作使所有人意识到，即使在最宏大的尺度上，我们仍然要依靠大脑来体验现实。"量子奇异"问题确实在宏观世界中占有一席之地。时间和空间确实取决于感知。

我们可以继续日常生活，可以继续研究物理宇宙，就好像宇宙是客观存在的一样（因为概率允许这种程度的置信度），但我们对其中潜在的生物成分有了更好的认识，这要归功于兰札博士。我不能代表美国国家航空航天局或其他美国国家航空航天局的科学家说话，但就个人而言，我期待着兰札博士对这种以生物为中心的宇宙观做出更详细的解释。

R. 史蒂芬·贝里（R. Stephen Berry）
美国国家科学院的成员、美国艺术与科学学院的副院长、麦克阿瑟奖"天才"研究员、芝加哥大学化学系詹姆斯·弗兰克杰出服务荣誉教授

是的，试问我们对空间和时间的感知是否是特定神经生理学的结果，这是大有裨益的探索。是的，试问生命是怎么在地球上以某种方式出现，然后从古细菌进化到真核生物，再进化到我们现在的样子，这亦是大有裨益的探索。……我敢打赌，本书会吸引很多读者。能够挑战我自己的观点和想法，引发我思考，而不是简单地向我灌输教条，我喜欢看到这样的书出版。《生命大设计.创生》绝对属于前者。

冈瑟·克莱特茨卡（Gunther Kletetschka）
詹姆斯·韦伯太空望远镜的首席科学家
美国宇航局戈达德太空飞行中心的地球物理学家

科学是自由的象征，激励着科学家去研究一切可能解释世界的逻辑可能性。罗伯特·兰札提出了一种从生物学角度研究现实的创新方法。他的文章要求回答科学家是否已经用尽所有可能的工具来研究自然这个问题。科学能否将生物学带入大统一理论？兰札提出了一个解决方案，涉及一个新的概念，即生物中心主义。兰札超越了人类的个体属性，呼吁所有生物之间的相互联系形成理解现实的根本基础。有必要出版一本推广这种独特方法的书，不仅是为了警醒社会，而且是为了呼吁社会检验这种新的假设。

迈克尔·利萨格特（Michael Lysaght）
布朗大学生物医学工程中心主任、布朗大学医学科学和工程教授

这是一部杰作——一部真正伟大的著作。我们应该祝贺兰札，他对感知和意识如何塑造现实和共同经验的问题有了新颖而高度博学的见解。他的专著结合了对 20 世纪物理学和现代生物科学的深刻理解和广泛见解；他的书迫使人们重新评估这个老掉牙的认识论困境。并非所有人都同意他提出的主张，但大多数人会发现他的著作非常具有可读性，其论点既令人信服又具有挑战性。

艾瑞克·伯格（Eric Berger）
《休斯敦纪事报》（*Huston Chronicle*）科学记者

我发现，兰札的理论对物理学的质疑是相当有道理的……当然值得讨论。

沙伦·贝格利（Sharon Begley）
《波士顿环球报》（*The Boston Globe*）资深科学作家

人类的意识在创世或宇宙中扮演着何种角色？很少有脑力活动会比思考这个问题更为激动人心，而兰札和伯曼促使人们做出这样的思考，去理解一切为何如此。如果你想知道"没人凝视月亮时月亮是否还会继续存在"这样的问题的答案，即使你从来没有思考过这种貌似很荒谬的问题，那么，你可以花时间读读《生命大设计．创生》这本书。

科里·S. 鲍威尔（Corey S. Powell）

《发现》（*Discover*）杂志前主编

　　《生命大设计.创生》是一次探究科学史和前沿物理学的充满了乐趣的旅程，旨在发现意识和宇宙之间那种长期被忽略的关系。

戴维·J. 艾彻（David J. Eicher）

《天文学》（*Astronomy*）杂志主编

　　这是一本有趣而刺激的著作，将挑战你的基本观念，促使你重新思考科学的本质。快节奏的叙述方式将带给你一次充满愉悦的阅读体验。

帕梅拉·温特劳布（Pamela Weintraub）

《万古杂志》（*Aeon Magazine*）主编、《发现》杂志前执行主编

　　未来的机器会思考吗？植物有意识吗？死亡是一种幻觉吗？这些问题都在《生命大设计.创生》一书中得到了讲述。这本书提供一种全新的以生物为基础的万物论，思路清晰，写作方式灵动，堪称重磅之作，确实值得一读。

迈克尔·古奇（Michael Gooch）

《带马刺的靴子》（*Wingtips with Spurs*）作者

　　这本新书极为大胆。作者并不视生命为随机产生的副产品，而认为生命是普遍存在性和目的性所能达到的巅峰。这是一本既令人兴奋又令人不安的书。虽然《生命大设计.创生》提到的概念似乎有点激进和反直觉，但在反思过后，你将会看清作者描绘的图景，从而能以更好的、更符合常理的思维方式思考世间万物。

金光洙（Kwang-Soo Kim）

哈佛大学医学院精神病学和神经学教授、麦克林医院神经生物学实验室主任

《生命大设计·创生》用神经生物学的观点回答了一些关于我们所处的这个世界的问题。兰札和伯曼朝向更透彻地理解意识和观念所扮演的角色的方向又迈进了一步……一部趣味盎然的作品。

拉尔夫·D. 莱文森（Ralph D.Levinson）

加州大学洛杉矶分校健康科学系教授

对于任何想要了解现代科学（相对论和量子力学的神秘）进展的读者来说，《生命大设计·创生》是一本必读之书。这本书见解深刻，精彩绝伦。能够改变我们看待世界的方式的书很少，而《生命大设计·创生》就是这样一本书。

狄巴克·乔布拉（Deepak Chopra）

被《时代周刊》（*Time*）誉为"20 世纪百位顶尖偶像与英雄"之一，有"心灵帝王"之称

独到的见解……我采访过诸多卓越的科学家，而兰札博士对意识本质的见解是最独特的，也是最令人兴奋的。生物中心主义符合最古老的世界传统理念。《生命大设计·创生》创造了一段精彩而发人深省的旅程，将永远改变你对自己的存在的理解。

尤金妮亚（Eugenia）

亚马逊绿标（VINE VOICE）评论家

关于这本书，我要说的是，再多的星级好评也无法描述它到底有多出色……

《中西部书评》（*Midwest Book Review*）

《生命大设计.创生》既生动有趣又值得阅读之处在于：作为一名医生，兰札为这一主题所带来的独特视角。……从（兰札）选择的论证方式来看，很显然，他对量子理论、狭义相对论和粒子物理学等深奥的学科，都掌握得非常扎实。与其他同类书籍相比，此书更具吸引力之处在于：兰札有能力并愿意将个人体验编织到所呈现的思想和观点中。其娓娓道来、热情洋溢的写作风格，往往会让你在阅读过程中有种被轻轻拉拽着前行的感觉。兰札对双缝实验、贝尔定理、非局域性和薛定谔的猫等老掉牙的谜题所表现出的惊奇感和困惑感，既具有感染力，又令人愉悦……我非常喜欢兰札在《生命大设计.创生》中所述的内容。

《美国新闻与世界报道》（*U.S. News & World Report*）封面文章

罗伯特·兰札就是马特·达蒙在电影《心灵捕手》（*Good Will Hunting*）中的角色的现实化身。他成长于马萨诸塞州波士顿南部斯托顿的某个贫困家庭，在还只是个孩子时，就因为在地下室成功地改变了鸡的基因而受到哈佛大学医学院研究人员的关注。

在之后的 10 年里，他的才能被不断挖掘，且有幸获得了许多科学巨子的帮助（如心理学家 B.F. 斯金纳、免疫学家乔纳斯·索尔克、心脏移植先驱克里斯蒂安·巴纳德）。导师们以"天才""叛逆的思想家"等词语来形容他，甚至将他与爱因斯坦相媲美。

兰札博士如今是安斯泰来全球再生医学负责人、安斯泰来再生医学研究所首席科学家，并任维克森林大学医学院的兼职教授。兰札博士目前的研究重点在于胚胎干细胞和再生医学，以及二者在治疗世界上最棘手的疾病方面的潜力。

《发现》杂志"人民选择奖"之"年度最佳科研故事"颁奖词

兰札及其同事在干细胞研究领域取得的突破性进展,击败了埃博拉病毒疫情、气候变化危机、纠缠光子对、宇宙膨胀和同年的其他科学话题(如空间探索、数学、科技、古生物学和环境等),当选为"年度最佳科研故事"。

《时代周刊》

《柳叶刀》(*The Lancet*)杂志报道,以罗伯特·兰札为首的科研团队首次证明了人类胚胎干细胞可作为两种眼疾的安全有效的治疗方案。

1996年,科学家利用克隆技术成功克隆了多利羊。现在,利用同样的技术,历经多年,科研工作者终于可以诱导成人细胞生成干细胞,这也提供了一个修复病变或受损细胞的安全的新方法。

美国全国公共广播电台(NPR)

科学家诱导人类皮肤细胞首次成功获得胚胎干细胞。

罗伯特·兰札博士是干细胞疗法的先驱之一。目前,他已经利用这种技术帮助许多患者修复身体的受损部位。

《波士顿环球报》

罗伯特·兰札是干细胞生物学领域最卓越的科学家之一。兰札博士在周一表示,他将会主导安斯泰来制药公司的全球再生医学研究。此外,他将继续担任安斯泰来旗下的奥长塔治疗公司的首席科学家。

《华尔街日报》（*The Wall Street Journal*）

在过去的 20 年里，科学家一直梦想着利用人类胚胎干细胞来治疗疾病……这一天终于到来了……科学家已利用人类胚胎干细胞成功地改善了严重的眼疾患者的视力。终有一天，科学上的进步会让人们找到阿尔茨海默病和心脏病的治疗方案。

《宾夕法尼亚公报》（*The Pennsylvania Gazette*）

鉴于其在克隆和干细胞领域的开创性工作，罗伯特·兰札获得了一系列科学荣誉。这一领域中藏有秘密宝藏……和他的万物理论。

生命大设计

创生

BIOCENTRISM

生命 创生 BIOCENTRISM
大设计 目录

生命大设计

创生

BIOCENTRISM

对宇宙基本原理的全新理解
——生物中心主义

我们对整个宇宙的理解已经进入了死胡同。自 20 世纪 30 年代开创量子物理学以来，人们就对其"含义"一直争论不休，直到现在，我们对该理论的理解也没有变得更透彻。几十年来，人们一直承诺"万有理论"指日可待，但该理论却一直深陷于弦理论抽象的数学断言的泥潭中无法自拔，这些理论既未经证明，亦无法证明。

就在最近，我们还以为自己已经清楚，96% 的宇宙由暗物质和暗能量组成，但实际上我们对这些物质和能量一无所知（就像 1979 年被普遍接受的以指数倍增长的暴胀期，其物理学原理基本未知）。我们对宇宙大爆炸理论进行临时调整以符合观察的结果，也仍然无法回答宇宙中最大的谜团之一：为什么宇宙会如此精细地调整参数以支持生命的存在？

对宇宙基本原理的理解实际上正变得越来越模糊。收集的数据越多，我们就越需要改变现有的理论，或者忽略那些毫无意义的发现。

本书提出一个全新的观点：目前关于物质世界的理论行不通，也永远不可能行得通，除非这些理论能解释清楚生命和意识。本书提出，生命和意识

不是数十亿年无生命的物理过程带来的微小结果，而是理解宇宙的绝对基础。我们把这种新观点称为生物中心主义（biocentrism）。

这种观点认为，生命不是物理定律偶然的副产品。宇宙的本质和历史也不是我们从小学开始就玩的那种沉闷的台球游戏。这似乎与目前大众对现实的理解大相径庭，事实也确实如此，但其先兆迹象已经在我们周围出现了几十年。生物中心主义的一些结论可能与东方宗教或某些新纪元哲学的某些方面产生共鸣。这很耐人寻味，但敬请放心，本书不会介入什么新纪元的内容。生物中心主义的结论以主流科学为基础，是一些最伟大科学家所取得成就的合理延伸。

生物中心主义为物理学和宇宙学的新研究奠定了基础，我们将通过一位生物学家和一位天文学家的眼睛，打开西方科学无意识中为自己套上的樊笼。

20 世纪由物理学主导，而 21 世纪或将转向生物学。因此，在 21 世纪之初，我们应该把看待宇宙的视角从外转向内，不再用虚构的弦来看同样虚构的维度，我们可以统一科学的基础，采用更简单、更令人震惊的新视角，改变过去的方式来看待现实。本书将列出生物中心主义的一些原则，而所有这些原则都建立在既定的科学基础之上，都要求我们对当前的物理宇宙理论进行重新思考。

第1章

我们看待宇宙的方式有些不对劲

把人局限在物理学基本定律中，是一件令人不快的事情。

——史蒂文·温伯格（Steven Weinberg），诺贝尔物理学奖获得者

总的来说，这个世界并不像教科书中所描绘的那样。

大约从文艺复兴时期开始，关于宇宙构造的单一思维模式就一直左右着科学思想。这种思维模式让我们对宇宙的本质有了无尽的洞察，由此产生的无数应用也改变了我们生活的方方面面。但这种模式正濒临灭亡，需要有一种完全不同的模式来取代它。这种新模式将会反映更深层次但直到现在仍被完全忽视的现实。

这种新模式并不像 6 500 万年前那颗改变生物圈的流星那样突然出现，相反，这种模式是深层的、渐进的、构造板块式的蚀变，其基底之深，发展了就无法回头。今天，每个受过教育的人都能明显感受到，新模式已经带来了潜在的理性不安，因为这种模式既不存在于不可信的理论中，也不存在于大统一理论的任何一个矛盾中，尽管大统一理论值得称赞、令人痴迷，又可以解释宇宙。几乎每个人都开始意识到，我们看待宇宙的方式有些不对劲。

旧模式认为，直到最近，宇宙还只是一个没有生命的粒子集合。这些粒子遵循着神秘的预定规则，相互碰撞。宇宙就像一块以某种方式为自己上了

发条的"手表",鉴于一定程度的量子随机性,以一种半可预测的方式运转着。生命最初起源于某种未知的过程,然后在达尔文机制下持续变化形态,这些机制则受更大的物理规则的支配。

物理学中的两大谜团都与意识有关

生命包含意识,但人们对意识知之甚少,意识不仅是生物学家的研究对象,也是物理学家的研究对象。现代物理学中,没有任何理论可以解释你大脑中的某组分子是如何产生意识的。日落的美丽,恋爱的奇迹,佳肴的味道……这些都是现代科学亟待探索的奥秘。目前的科学模式无法解释意识是如何从物质中产生的,甚至根本不允许意识的存在,对我们"有意识"这一最基本现象的理解也几乎为零。有趣的是,我们目前的物理模式仍然没有认识到这是一个问题。

无独有偶,意识在一个完全不同的物理学领域再次出现。众所周知,量子理论虽然在数学领域表现良好,但在逻辑上却毫无意义:

> 粒子似乎会对有意识的观察者做出反应。这显然是不可能的,所以量子物理学家要么认为量子理论无法提供合理解释,要么提出更复杂的理论(如无限数量的多重宇宙)来试图解释。
>
> 亚原子粒子在某种程度上确实与意识相互作用,但这一最简单的解释又远远超出了目前模式的范畴,因此不值得认真考虑。

可以看到,物理学中的两大谜团都与意识有关。

但即使撇开意识问题不谈,在解释我们宇宙的基本原理时,目前的模式也有许多不足之处。根据最新研究,宇宙在137亿年前从虚无中诞生,大家幽默地称之为"大爆炸"（the Big Bang）（如图 1-1）。虽然人们并不真的知道大爆炸从何而来，但我们不断修补细节，包括添加一个尚不了解的物理学膨胀期，就是为了使其与观察结果保持一致。

图 1-1　宇宙大爆炸概念图

当一个六年级的学生问起关于宇宙的最基本的问题，比如"大爆炸之前发生了什么？"时，知识足够渊博的老师会马上给出答案："大爆炸之前没有时间，因为时间只能与物质和能量一起出现，所以这个问题没有意义。这就好比在问北极的北边是什么一样。"这个学生坐下来，闭上了嘴，每个人都假装刚刚被传授了一些真正的知识。

有人会问："膨胀的宇宙在向什么地方膨胀？"老师再次马上回答："没有物体就不可能有空间，所以我们必须想象宇宙将其自身的空间不断扩大。此外，我们'从外面'来观察宇宙，是错误的，因为宇宙之外不存在任何东西，所以这个问题毫无意义。"

"那么，你至少能说一下大爆炸是什么吗？如何解释？"多年来，我的合著者犯懒时，会给他教的大学生背诵标准答案，就像是一段下班后的录音：

"我们观察到粒子在真空中物化，然后消失；这些属于量子力学波动。如果有足够长的时间，人们预期这样的波动会涉及非常多的粒子，直至整个宇宙从中诞生。如果宇宙确实是量子波动，它就会只显示出我们观察到的属性！"

学生坐回椅子上。原来是这样啊！宇宙是量子波动！终于搞清楚了。

但即使是这位教授，在他独处静思的时候，也至少会短暂地想知道大爆炸之前的那个星期二会是什么样子的。就连他也从骨子里意识到，虚无中不可能诞生出什么东西来，大爆炸根本不能解释万物的起源，充其量只是对可能是永恒的连续统一体中的一个事件的部分描述。简而言之，关于宇宙起源和本质的最广为人知和最被人接受的"解释"之一，似乎在正要到达问题核心的那一刻，突然在一堵空白的墙前刹住了车。

对宇宙现状的解释必须警惕所谓的"常识"

在人类向着宇宙奥秘大举进军时，总有一些人会注意到，这支队伍中的"皇帝"——物理学家似乎在着装方面预算太少。我们承认理论物理学家是杰出的人，即使他们中的一些人经常在吃自助餐时把衣服弄脏，也丝毫不会影响我们尊他们为权威。但在某个时刻，几乎每个人都曾想过或至少感觉到："这个理论真的不管用啊，不能解释任何基本的东西，真的不能。整个理论从头到脚都不令人满意：听上去不对劲，感觉上也不对头，没有回答我的问题。"

就像老鼠涌向即将沉没的船只的甲板上一样，目前的模式也让更多的问题浮出水面。现在，我们所熟悉的重子物质——也就是我们所看到的一切，所有有形的东西，加上所有已知的能量，突然减少到只占宇宙的4%，而暗物质约占24%。宇宙的真正主体突然变成了暗能量。顺便一说，宇宙膨胀在增速，而不是减速。在短短几年内，尽管对常见事物缺少关心，但所有人好像都了解了宇宙的基本性质。

在过去几十年里，人们对所知宇宙构造中的一个基本悖论进行了大量讨论。为什么物理学定律对动物生命的存在来说是完全平衡的？

如果宇宙大爆炸的威力再大百万分之一，宇宙就会爆发得太快，使得星系和生命都无法发展；

如果强核力减少 2%，原子核就不会结合在一起，氢将是宇宙中唯一的原子；

如果引力减少一丝，恒星，包括太阳就不会被点燃。

这些仅仅是宇宙 200 多个物理参数中的 3 个，非常精确，以至于人们很难相信这些参数是随机的。任何理论都无法预测的这些基本常数似乎都经过了精心挑选，它们非常精确，使生命和意识得以存在（是的，意识第三次抬起了它恼人的头）。旧模式对此完全没有合理的解释。但我们将看到，生物中心主义可以提供答案。

另外，精确解释变幻莫测的运动的精彩方程式与对小尺度物体的观察相矛盾，更确切地说，爱因斯坦的相对论与量子力学是不相容的。当宇宙起源的理论抵达人们感兴趣的事件——大爆炸时，就突然停止。如果试图将所有力结合起来，以产生一种潜在的统一性（当前流行的是弦理论），需要调用至少 8 个额外的维度。人类经验中丝毫没有关于其中任一维度的基础，也无法以任何方式进行实验验证。

归根结底，今天的科学在弄清楚零件的工作原理方面有惊人的能力。

钟表已被拆开，我们可以准确地计算每个轮子和齿轮的齿数，并确定飞轮的转速；

我们能精准计算火星的自转周期为 24 小时 37 分钟 23 秒，却无法参透整个宇宙这个大局；

我们从不断扩展的物理进程的知识中创造出精致的新技术，新发现的应用让我们自己都觉得眼花缭乱。

我们只在一个问题做得很糟糕，不幸的是，这个问题涉及了目前一切研究发现的根本：我们称之为现实（整个宇宙）的本质是什么？

任何对宇宙整体现状做解释的诚实的隐喻性总结都是……一片沼泽。而在这个特殊的大沼泽地，必须处处提防"常识"这样的鳄鱼。

生物中心主义提供了答案

避免或推迟回答如此深奥的基本问题，历来是一些人所擅长的。每个有思想的人都知道，在棋盘的最后一个方块上有一个谜团，它无法解开，也无法回避。因此，当我们用尽了之前的解释、步骤和理由，黔驴技穷时，我们就说，"那是上帝干的。"

现在，本书不打算探讨精神信仰，也不打算就这种思维方式的对错选择任何立场，只是指出，祈求神灵提供一些至关重要的东西，是允许探索达到某种商定的终点。就在一个世纪以前，科学文献涉及这些真正深刻却无法回答的部分时，总是诉诸上帝和"上帝的荣耀"。

今天，这种态度不多见了，但至今还没有出现其他实体或装置来代替最终的"我没有线索"。相反，一些科学家——比如已故的斯蒂芬·霍金和卡尔·萨根——坚持认为，"万物理论"即将诞生，那时我们就会知道一切。

但万物理论没有发生，也不会发生。原因不是缺乏努力或智慧，而恰恰是世界观本身有缺陷。所以，在以前的理论矛盾上，现在又出现了一层新的未知，它们以令人沮丧的规律姿态突然进入到我们的意识。

斯蒂芬·霍金

哲学已经死了。哲学学者没能跟上
现代科学发展的脚步，尤其是在物理方面。

但解决方案就在我们眼前，生物中心主义便是答案。随着旧模式的土崩瓦解，我们看到答案从角落里探出头来，它们暗示的频率也让我们对这个解决方案充满期待。这就是潜在的问题：我们忽略了宇宙的一个关键组成部分，因为不知道如何处置而将其排除在外。这个组成部分就是意识。

第2章　意识——科学从未正视的神秘因素

> 我们不是直接看到，而是间接看到事物的。而且没有办法纠正这些
> 有色的、扭曲的角度，也没有办法计算它们的误差。也许这些主观
> 角度有创造性的力量；也许根本没有什么客体。
>
> ——爱默生（Emerson）《经验》（*Experience*）

今天，科学家正不断将科学方法扩展到其边界之外，这似乎取得了惊人的成果，如干细胞研究、动物克隆、在细胞水平扭转衰老过程等，但生命中还是有很多东西无法用现有的科学解释清楚。

我[1]很容易就能回忆起一些日常的事情，来轻松地印证这一点。

就在不久前，我穿过通往被我称之为"家"的小岛的堤道，道旁的池塘又黑又静。

我停下脚步，关掉手电筒。

路边几个奇怪的发光物体引起了我的注意。我以为是某种鬼火蘑菇[2]的发光伞盖在腐烂的叶子中向上拱起，于是便蹲下用手电筒观察其中一个。

原来是萤火虫，属于欧洲夜光甲虫的幼虫体。它那小小的、分节的椭圆形身体，显露出一种原始感，就像五亿年前刚从寒武纪海洋里爬出来的三叶虫。就在那儿，甲虫和我，两个生命体，逐渐进入了彼此的世界。

---

[1] 本章及之后的回忆性章节，"我"均指代罗伯特·兰札博士。——译者注（除特别说明外，本书的其余注解均为译者注）

[2] 学名 *Clitocybe illudens*，一般指发光类脐菇。

本质上讲，我们一直是联系在一起的。这时，那只甲虫停止了发出绿色的光，而我则关掉了手电筒。

我想知道，我们之间的小小互动，是否与宇宙中任意其他两个物体间的互动有所不同。难道这只原始的小甲虫只是另一种原子的集合，它们的蛋白质和分子也在像行星一样围绕着太阳旋转吗？这符合机械论者的逻辑吗？

诚然，物理学和化学定律可以解决生命系统的基本生物学问题，作为一名医学博士，我对动物细胞的化学基础以及细胞组织的相关概念和知识耳熟能详：氧化、生物物理代谢以及所有碳水化合物、脂质和氨基酸类型等。但是这个发光小虫的含义不仅是其生化功能的总和，只观察细胞和分子是不能完全理解生命的。反过来说，**物质的存在也不能脱离动物生命和动物感官感知的结构**（如图 2-1）。

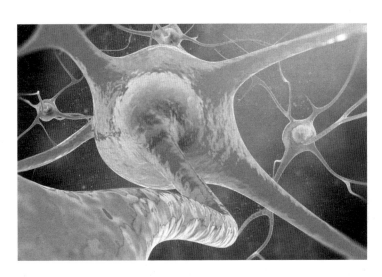

图 2-1　神经元接收信息并将信息传给其他细胞

看起来，这个生物很可能是它自己的物理现实领域的中心，就像"我"是我的中心一样。

我们之所以能够联系在一起，不仅是通过相互交织的意识，也不仅是因为我们活在地球 39 亿年生物历史的同一时刻，而是还关乎某种神秘又具有暗示性的东西，一种作为宇宙本身模板的模式。

正如"猫王"①邮票一样，它向外星访客揭露的信息远比一张快照上冻结的流行音乐历史要多。只要我们用正确的心态来理解，这只甲虫的故事，甚至可以照亮虫洞深处。

这只甲虫在黑暗中静止不动，我知道它的腿很短，就整齐地排列在分节身体的底部，并拥有将信息传递给大脑的感觉细胞。也许这个生物太原始了，无法收集数据并精确定位我在空间中的位置。

也许我在它的宇宙里，只是一个把手电筒固定在空中的模糊影子，巨大而多毛。具体如何，我也不是很清楚。但当我站起身离开时，我无疑消失在了它的小小世界中。

物理世界与生物世界的理论大一统

迄今为止，我们的科学还没有认识到生命的特殊性质，正是这些性质使生命成为物质现实的基础。**这种将生命和意识作为理解更大范围宇宙的要旨的世界观，即生物中心主义**，围绕着主观体验，也就是我们所说的意识，与物理过程的关系而展开。

这是我穷尽一生都在苦苦追寻的巨大谜团。一路走来，我得到了很多人的帮助，当然，更重要的是我站在现代一些最伟大、最受赞誉的人的肩膀上。将生物学置于其他科学之上，试图找到令其他学科避而不谈的万物理论，我也得出了一些会令前辈们感到震惊的结论。

人类基因组图谱已经绘制完成，人类即将了解宇宙大爆炸后的第一秒，

---

① "猫王"全名：埃尔维斯·普雷斯利（Elvis Presley），是美国摇滚音乐史上最有影响力的歌手，被誉为"摇滚音乐之王"。

这些消息都让人激动不已，这都源于人类与生俱来的对完整性和整体性的渴望。

但这些综合性的理论大多没有考虑到一个关键因素，就是像大爆炸或者基因组这样的概念，是我们创造出来的。故事是由生物创作的，观察是由生物进行的，事物也是由生物来命名的。这就是我们疏忽的地方，而科学也从未正视过这一最熟悉又最神秘的因素——意识。

美国思想家、文学家、诗人爱默生的小品文《经验》就直面了他那个时代浅显的实证主义："已经知道，我们不是直接看到，而是间接看到事物的。而且没有办法纠正这些有色的、扭曲的角度，也没有办法计算它们的误差。也许这些主观角度有创造性的力量，**也许根本没有什么客体。**"

乔治·伯克利（George Berkeley）也得出了类似的结论。他说："我们唯一能感知到的东西，就是我们的知觉。"

乍一看，生物学家也许不太可能成为宇宙新理论的来源。但是，当生物学家认为他们已经发现了胚胎干细胞形式的"通用细胞"，以及一些宇宙学家预测未来20年可能会发现一个统一的宇宙理论时，他们必会将现有的"物理世界"理论与"生物世界"理论统一起来。

还有什么其他学科可以解决这个问题吗？在这方面，生物学真的应该是第一个也是最后一个科学研究领域。人类创造的用来理解宇宙的自然科学释放了我们的本性，但同时也暴露了一个深层次的问题：我们未能保护科学不受投机性理论的影响，这些理论已经进入了主流思想，现在伪装成了事实，如19世纪的"以太"、爱因斯坦的"时空"和新千年的"弦理论"等，"弦理论"甚至在不同的领域爆开了新的维度。不仅是弦，还有在宇宙边缘闪烁的"气泡"，都是这种推测的例子。当今，到处可见还未被发现的维度，在某些理论中，维度可以多达100个，它们有些像汽水吸管一样蜷缩在空间的每一点上。

事物的存在是从生命和感知开始的吗

今天，关注无法证明的"万物理论"是对科学本身的亵渎，是对科学方法目的的奇怪迂回。科学方法的宗旨要求我们必须无情地质疑一切，而不是崇拜培根所说的"心灵的偶像"。

现代物理学已经变得像英国作家乔纳森·斯威夫特（Jonathan Swift）笔下的拉普达王国[1]，它在地球上空的一个漂浮小岛上，摇摇欲坠，对下面的世界漠不关心。

当科学试图通过给宇宙增加或减少维度来解决某个理论的冲突时，我们并不能感知到这些维度，也没有任何观察或实验能证明它们存在。我们需要暂停，然后重新审视一下所遵循的教条。一些想法在没有物理依据或无法实验验证的情况下被抛出，人们就容易怀疑这是否能被称为科学。"如果你没有观察到，"纽约州立大学的相对论专家塔伦·比斯瓦斯（Tarun Biswas）教授说，"那么提出理论就是没有意义的。"

但也许正是系统中的裂缝才能让光更直接地照亮生命奥秘之处。

这种任性的根源是相同的，物理学家们总会试图超越科学的合法界限。他们最想解决的问题实际上与生命和意识有关。但这是一项西西弗斯[2]式的任务，因为物理学无法为他们提供真正的答案。

宇宙中最主要的问题历来是物理学家解决的，他们试图创建吸引人又有魅力的大统一理论。但如果这些理论不是对知识核心奥秘进行逆转的话，就仍是一种逃避，即他们仍然秉持着这样的观念：**世界的法则首先以某种方式**

---

① Kingdom of Laputa，拉普达是电影《天空之城》中飞行岛的名字，而这部电影是根据乔纳森·斯威夫特的小说《格列佛游记》改编的。

② Sisyphus，是希腊神话中的人物。因为触犯了众神，诸神为了惩罚西西弗斯，便要求他把一块巨石推上山顶，而由于那块巨石太重了，每每未及山顶就又滚下山去，前功尽弃，于是他就不断重复、永无止境地做这件事。

产生了观察者！而生物中心主义及本书的中心主题之一是动物观察者创造了现实，而不是相反。

这不是对世界观的一些小调整。现在，包括所有学科在内的整个教育体系、语言的构建以及社会上接受的"既定事实"，比如我们这个谈话的出发点，都是围绕一种基本思维而设的，即假设"外面"有独立的宇宙，我们每个人都是非常临时地单独出现的。进一步假设，我们准确感知了这种外部存在的事实，却只对它的出现产生微乎其微的影响。

因此，构建可信替代方案的第一步，就是质疑标准观点：**即使没有生命，没有任何意识或感知，宇宙也会存在。**要颠覆目前普遍存在的、根深蒂固的思维定式，需要阅读本书的其余章节，并仔细研读来源多样的强力证据，当然我们也可以从简单的逻辑开始。事实上，稍加思考就会明白，没有感知，就没有现实。

如果没有看、想、听的行为，没有这些有意识的活动，我们能获得什么？我们可以相信并断言，即使所有的生物都不存在，宇宙仍然存在。但这个想法也是一种思想，而思想是由具有思考能力的生物产生出来的。如果没有生物，真的还有什么东西存在吗？我们将在下一章对此进行更详细的探讨；现在，我们也得承认这样的研究路线开始有了哲学的味道。不过最好是避开这片阴暗的沼泽，只靠科学来回答这个问题。

因此，目前我们将暂时接受这样的观点，即我们明确无误地认识到，事物的存在必须从生命和感知开始。

假如，没有意识的参与……

我们来思考一下这样的情景：你的厨房总是在固定的地方，不管你是否在那儿，里面的东西都以你熟悉的形状和颜色出现，这很合理；晚上，你关掉灯，走出厨房，然后去卧室睡觉，整晚你都看不见厨房，但仍会认为厨房还在原地，对吧？

但试想一下：冰箱、炉子和其他所有东西都是由一堆闪闪发光的物质或能量组成的。根据量子理论（后面将用两个完整的章节来讨论该理论），这些亚原子粒子只是以一系列未呈现的概率存在，实际上并不存在于任何确定的位置。在有观察者在场的情况下，比如说你返回厨房想喝点水时，每个粒子的波函数都会坍缩，于是这些粒子就有了实际的位置，即物理现实。在此之前，只是一系列概率。

是不是觉得太极端了？那就忘掉疯狂的量子理论吧，从日常科学入手，我们也会得出类似的结论。

厨房里的东西的形状和颜色之所以可见，完全是因为头顶灯泡发出的光子从各种物体上反射回来，然后通过一系列复杂的视网膜和神经中介与大脑互动，产生了我们看到的"结果"。这不过是初中物理课所学的知识。问题是，光没有任何颜色，也没有任何视觉特征（将在下一章讨论此问题）。所以你会觉得你不在厨房的时候，厨房也仍然是"存在"的，但事实上，没有意识参与互动，任何东西都将不复存在。

别觉得不可能，这只是生物中心主义最容易证明的论点之一。

正是在这一方面，生物中心主义对现实的看法与流行了几个世纪的普遍观点产生了泾渭之分。在科学界内外，大多数人都认为外部世界是独立存在的，其外观或多或少都与我们所看到的相似。

根据这一观点，人类或其他动物的眼睛只是准确展现世界的窗口。倘若因为死亡，或者眼睛被涂黑而变得不透光，就像盲人一样，那这个窗口就会停止正常运作，可是这丝毫不会改变外部现实的持续存在或其所谓的"实际"外观。

无论我们看或不看，树都会存在，月亮都会照耀大地，它们始终是我们的身外之物。在这种理论下，人类的眼睛和大脑被设计成用来认知事物的实际视觉外观，而不改变任何东西。的确，狗看到的秋天枫树是灰色的，可能只有深浅的区别；而鹰可能看到色彩斑斓的树叶，会觉察到更多细节。但大多数生物基本上都能捕捉到相同的可见实物，即使没有用眼睛看着，也会持续存在。

生物中心主义则不这样认为。

"真的存在吗？"这个问题由来已久，固然比生物中心主义出现更早，生物中心主义也不想假装自己是第一个对这个问题表态的人。但生物中心主义是要解释一种观点，并非要去纠正另一种。反之亦然：一旦人们完全理解在生物之外没有独立的外部宇宙，其余的问题或多或少就迎刃而解了。

第3章

无人的森林里，树倒下会有声音吗

我们唯一能感知到的东西，就是我们的知觉。

——乔治·伯克利（George Berkeley）

"无人的森林里，树倒下会有声音吗？"

有谁听说过或想过这个古老的问题吗？

外部世界与意识是相互关联的

随便问问朋友和家人，你就会发现绝大多数人的答案是肯定的。而且还会有人颇为不屑，说"树倒下当然会发出声音"，就好像这是一个无脑的愚蠢问题。秉持这种态度的人，所表达的实际上是他们对客观、独立现实的信念。所以很显然，现在我们普遍坚信的观点是，有没有我们，宇宙都一样存在。这种态度与至少从圣经时代就开始存在的西方观念完全契合，即"小我"在宇宙中无足轻重。

很少有人，或者说，很少有人有足够的科学能力，对那棵在无人的森林里倒下的树的实际情况进行剖析。那里到底发生了什么？我们不妨回顾一下一个明确的结论：声音是由介质中的某种扰动产生的，通常发生在空气中。

树倒下时，枝杈和树干猛烈撞击地面，产生的振动脉冲在空气中快速传播，就连听障人士都可以轻易感觉到这些脉冲，尤其是每秒振动 5 到 30 次的脉冲，在皮肤上引起的感觉特别明显。因此，我们感觉到的其实是树倒下时激起的，以每小时 750 英里（约 1 207 千米）左右的速度在周围的介质中传播时快速的气压变化。

在这个过程中，介质的密度从均匀变到不均匀、再恢复均匀。以这种方式，空气传播了气压的变化。根据科学常识，即使在没有脑-耳机制的情况下，树倒下时发生的事情，就是一系列高、低气压的传播。这种微小的、瞬间的、一个接一个的空气扰动，并不是声音。

现在，把耳朵加入场景中。如果附近有人，树倒下时产生的空气脉冲只有达到每秒 20 到 20 000 次时，才会引起耳朵的鼓膜（耳膜）振动，鼓膜才会刺激神经。对 40 岁以上的人来说，上限约为 10 000 次；对我们这些年轻时迷恋摇滚音乐的人来说，上限更低。每秒振动 15 次的空气与每秒振动 30 次的空气，从本质上来说并没有区别，人只是受耳朵神经结构的限制，才无法感知到前者。

不管怎样，人类的耳膜运动，刺激到神经向大脑的某个部分发送电信号，我们才产生了对噪声的认知。因此，耳膜振动和感受到声音是不可分割的。

显然，空气脉冲本身并不构成任何声音，不管我们有多少只耳朵，每秒振动 15 次的空气仍然是无声的。只有出现特定频率范围的脉冲时，耳朵的神经结构才能让人类意识有声音体验。简而言之，**观察者、耳朵和大脑，跟空气脉冲一样，是体验声音的必要条件。外部世界和意识是相互关联的。**一棵树倒在空旷的森林里，只会产生空气脉冲，是一阵轻微的空气扰动，但并没有声音。

如果有人轻蔑地回答"树当然会发出声音，就算附近没有人"时，只是表明了他们不具备思考无人参与事件的能力。他们很难将自己置身于事外，似乎总想着自己在场时的情形，即使他们并不在场。

现在想象一下，在一片同样空旷的森林里，有一张桌子，桌子上放着一支点燃的蜡烛。这个装置并不合理，我们假设消防员已经准备好了灭火器来确保整个过程安全。我们用此装置主要考察在没有人观看的情况下，火焰是否具有固有的光亮和黄色。

即使与量子实验相矛盾，并允许电子和所有其他粒子在没有观察者的情况下有假定的实际位置，蜡烛的火焰仍然只是一团热气。像任何光源一样，烛焰发射光子或电磁能的微小波包，每个波包都由电脉冲和磁脉冲组成。这些电脉冲和磁脉冲时时刻刻的表现就是光的全部，即光自身的本质。

根据日常经验，无论是电还是磁，都没有视觉特性，所以也不难理解烛火本身并没有任何固有的视觉效果，没有任何光亮或色彩之类的东西。现在让这些无形的电磁波冲击人类的视网膜(如图 3-1)，当且仅当这些电磁波从一个波峰到另一个波峰的长度恰好在 400 到 700 纳米之间时，它们的能量才能够向视网膜中的 800 万个锥形细胞传递刺激。

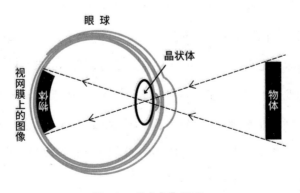

图 3-1　眼球成像原理

之后，受到刺激的神经元依次向相邻的神经元发送电脉冲，这些脉冲以每小时 250 英里（约 402 千米）的速度一路前行，直至大脑后部温暖而潮湿的枕叶。在那里，一个神经元复合级联复合体（cascading complex of neurons）被传入的刺激激发，我们主观上认为这种体验是一种黄色的光亮，来自我们习惯称之为"外部世界"的地方。

接受同样刺激的其他生物将有完全不同的体验，例如灰度，不同生物的感觉就是完全不同的。关键是，"外部世界"根本就没有"亮黄色"的光，顶多也就是一股看不见的电磁脉冲流。人类，是产生黄色火苗体验的必要条件。

这再次表明，外部世界和意识是相互关联的。

你看到的彩虹只属于你自己

你去触碰物体时会有什么感觉？它们是不是坚硬的？推推倒下的树干，你会感到有压力。这也是一种严格存在于你大脑中的感觉，只"投射"到你的手指上，手指也存在于你的意识中。再者，这种压力感并不是由固体之间的实际接触引起的，而是来自原子最外层的电子。

众所周知，同种电荷相互排斥，树皮上的电子排斥手上的电子，你就会感觉到这种斥力阻止手指穿入树干。推树干时，实际上没有任何固体与固体之间的接触发生。你手指上的每个原子都好像是一个空空荡荡的足球场，里面有一只苍蝇停在 50 码（约 45.7 米）长的线上。如果是这样的固体，而不是原子周围的能量场来阻挡我们的话，我们的手指可以很容易地穿透树干，就像手指划过一团雾气那样。

再举一个更为直观的例子，彩虹。那些突然出现在群山之间的七色炫彩，美得让我们屏住呼吸。但事实是，我们人类是彩虹出现的必要条件。没有人的存在，根本就谈不上彩虹。

你也许会想，又来了，但请坚持住，这一次的证据比以往任何时候的都明显。要看到彩虹需要满足三个必要条件：太阳；雨滴；以及具备意识的眼睛，或其替代物——胶片。此外，还必须在正确的位置观看，只有背对着太阳才能看到彩虹。而且阳光照射水滴后，只有视角（从地面至虹顶的角度）约为 42 度时，才会产生彩虹。你的眼睛必须位于阳光照射下的水滴折射光线汇聚的地方，才能看见彩虹。你旁边的人在他们自己的位置上，在一个完全不同的水滴集群反射光的圆锥体的顶点，他们将看到与你不同的彩虹。他们的彩虹很可能看起来像你的，但不一定完全相同。他们看到的水滴可能和你看到的数量不同，更多的水滴会形成更生动的彩虹，流光溢彩。

同样，如果阳光照射下的水滴离你很近，比如从草坪洒水器上喷洒出来的水滴，这时你可以看到彩虹，但附近的人可能就看不到。你的彩虹只属于你。假如没有人在那里，会怎么样呢？答：没有彩虹。眼-脑系统（或其替代物照相机，拍出的照片只能由有意识的观察者稍后查看）必须存在，才能完成彩虹图案。彩虹看起来很真实，但它需要你的存在，就像它需要阳光和水滴一样。

请允许我重复一遍，没有人或动物的观察，就没有彩虹。或者说，有数以万亿计的潜在虹，每一个都与相邻的虹存在非常小的差异。这些都不是推测性的或哲学性的，这是在任何小学地球科学课上都能学到的基础科学。

彩虹在童话故事中占据如此显著的地位，似乎从一开始它们就存在于我们的世界当中，很少有人会质疑彩虹的本质是主观的。只有完全理解一座摩天大楼的景象取决于观察者时，我们才实现了认识事物真实本质的第一次飞跃。

这就引出了生物中心主义的第一个原则。

生物中心主义第一原则：我们所感知的现实是一个涉及我们意识的过程。

生命大设计

—

创生

—

—

BIOCENTRISM

—

第4章　步入科学圣殿

身之主宰便是心，心之所发便是意，意之本体便是知，
意之所在便是物。

——王守仁《传习录》

在开始研究细胞生命、克隆人类胚胎，甚至早在上医学院之前，我就对自然界纷繁复杂且难以捉摸的奥秘非常着迷了。早年的经历使我萌发了以生物为中心的观点。孩提时期，我就在探索大自然，我曾在《田野与溪流》（*Field and Stream*）杂志封底上看到有小灵长类动物出售的广告，就以 18.95 美元的价格订购了一只；到了少年时期，我又对鸡做过基因实验，这让我有幸被哈佛大学医学院著名的神经生物学家斯蒂芬·库夫勒（Stephen Kuffler）收入门下。

更恰当地说，通往哈佛大学医学院之路始于我小学时参加的科学展览会项目。对我来说，参加科学展览项目就是我用来对抗那些瞧不起我的人的一剂良药。他们看不起我的家庭环境，有一次，我姐姐被停学，校长甚至对我母亲说"你不配做母亲"。

我真心实意地相信我可以改善自己的处境，我憧憬着有一天能在所有那些嘲笑我的老师和同学们面前接受奖项，因为在我说要参加展览会项目时，他们都笑了。

我投入到一个新项目中，雄心勃勃地想改变小白鸡的基因构成，使它们变成黑鸡。我的生物老师告诉我这是不可能的，我的父母则认为我只是想孵化鸡蛋，拒绝开车送我去农场买鸡。

前往哈佛大学，拜师斯金纳

哈佛大学医学院是世界上最负盛名的医学机构之一。我说服自己，从斯托顿的家中乘公共汽车和电车只身前往医学院。踏上医学院前大门的楼梯时，我注意到脚下巨大的花岗岩石板已经被历代哈佛人磨旧了。走进门内，我希望能得到医学院的科学人士友好接待，并给我提供帮助。毕竟这是科学圣殿，对吧？但事与愿违，我连大门都进不去，守卫把我拦住了。

科学圣殿的守卫说"走开！"时，我觉得自己就像是去翡翠城的桃乐茜[①]（Dorothy）。我转到大楼后面短暂休整了一下，思考着下一步该怎么走。所有的门都上着锁。我在垃圾箱旁站了大约半个小时。然后我看到一个人向我走来，他个子还没有我高，穿着 T 恤和卡其色的工装裤，我猜他也是个守卫，他是从后门进去的。想到这里，我想到了该怎么进去。

过了一会儿，我进去和他面对面站着。"他不知道也不在乎我为什么会在这儿，"我想，"他可能只是个擦地板的打杂工。"

"需要帮忙吗？"他问。

"不需要，"我答道，"我是来找哈佛大学的教授咨询问题的。"

"你是要找某位教授吗？"

"呃，其实也不是，我的问题是关于 DNA 和核蛋白方面的。我正在尝试促使患白化病的鸡生成黑色素。"对方向我投来惊讶的目光。我虽然确定

[①] 童话故事《绿野仙踪》中的人物。

他不知道 DNA 是什么，但见状，我继续说，"你看，白化病是一种常染色体隐性遗传疾病……"

话匣子一下打开了，我滔滔不绝地向他讲述自己在学校自助餐厅勤工俭学的经历，以及我和住在街对面的守卫查普曼（Chapman）先生如何成为好朋友。他问我父亲是不是医生。我笑了，说："不是，他是个职业赌徒。他赌牌。"就在那一刻，我觉得我们成了朋友，毕竟，大家都来自贫困阶层。

当然，我当时并不知道他就是世界著名的神经生物学家斯蒂芬·库夫勒博士，曾获诺贝尔奖提名。如果他早说他是谁，我就脚底抹油——溜了。但当时我觉得自己就像一个导师在给学生讲课一样。我告诉他自己在地下室做的实验：改变了一只白鸡的基因组成，使其变成了黑鸡。

"你的父母一定为你感到骄傲。"他说。

"他们并不知道我在做什么，我躲着他们做的。他们只是认为我在试图孵化鸡蛋。"

"不是他们开车送你来这儿的吗？"

"不是，他们要是知道我来了这儿，会'杀'了我的。他们以为我在树屋里玩呢。"

他坚持要把我介绍给一位"哈佛博士"，我有些迟疑不决。他只是个守卫，我不想让他惹上麻烦。

"别担心我。"他笑着说。

他把我带进了一间布满精密设备的房间。一位博士正准备用带有奇怪、可操作探针的仪器，将一个电极插入毛毛虫的神经细胞中，当时我并不认识这位"医生"，他叫乔希·萨内斯（Josh Sanes），当时还是研究生，现在是美国国家科学院的成员和哈佛大学大脑科学研究中心的主任。他身旁，一台装载着样本的小型离心机正不停地转动。

我的新朋友俯在那位博士的肩膀旁，小声跟他说了些什么。他的话淹没在马达的运作声中。那位"博士"冲着我微笑，眼中带着好奇。

"我待会儿再过来。"我这个新朋友说。

从那一刻起，一切都像梦想成真。那位博士和我谈了一个下午。然后我看了看钟，"哦，不！太晚了，我得走了！"

我急急忙忙赶回家，直奔我的树屋。那天晚上，我母亲的呼唤声穿透了树林，听起来就像火车头发出的汽笛声："博——比（Bobby）！吃饭啦！"

那天晚上，包括我在内，没人知道我碰到了世界上最伟大的科学家之一。20 世纪 50 年代，库夫勒进一步完善了将几个医学学科结合起来的想法，把生理学、生物化学、组织学、解剖学和电子显微镜的元素融合到一起。他将这个领域命名为"神经生物学"。

哈佛大学神经生物系创立于 1966 年，由库夫勒担任系主任。作为一名医科学生，我有幸通过学校课程系统地学习他的著作《从神经元到大脑》（*From Neurons to Brain*）。

没想到几个月后，库夫勒博士就帮助我进入了科学界。我往返实验室多次，和他实验室的科学家们攀谈，他们当时正在探究毛毛虫的神经元。

我最近偶然发现了乔希·萨内斯当时寄给杰克逊实验室的一封信："如果查一下记录，你会发现鲍勃几个月前从实验室订购了 4 只老鼠。这笔花销使他最近一直囊中羞涩。现在，他面临着一个选择，是去参加毕业舞会，还是继续研究他的鸡蛋。"

当时的我虽然最终决定去参加毕业舞会，但我对"感觉-运动系统"，即意识对动物感知系统的重要性非常感兴趣，所以几年后我又回到了哈佛大学医学院，与著名的心理学家 B. F. 斯金纳（B.F. Skinner）一起工作。

哦，对了，我还凭借改造白鸡基因的项目赢得了科学展览会的大奖。校长不得不在全校师生面前向我母亲表示祝贺。

对生命本质的最初思考

与两位美国最伟大的先验论者爱默生和梭罗一样，我的青春也是在探索马萨诸塞州那充满生命力的森林中度过的。更重要的是，我发现每个生命都有他们自己的宇宙。放眼我的同类，我开始意识到每一个生命似乎都有其存在的领域，我们的感知可能是独特的，但在自然界也并不多么特殊。

我童年最早的记忆之一是越过我家后院的修剪带，进入森林边荒芜、杂草丛生的地带去探险。如今，世界人口是当时的两倍，但即使是现在，许多孩子肯定也知道已知世界终止于何处，狂野的、略带诡异和危险的、桀骜不驯的宇宙又源于哪里。

有一天，我越过草坪修剪带去到野生地带的边界，穿过灌木丛，来到一棵爬满藤蔓的老苹果树前。我钻进这棵树下比较隐秘的空地。我一时觉得很奇妙，一是发现了一个没有其他人知道的地方；二来我很困惑，如果我没有发现，这样的地方怎么可能存在。

在那一刻，其他的问题纷至沓来，我还没有意识到对这些问题的思考至少和我的物种本身一样古老。**如果真的是上帝创造了世界，那么是谁创造了上帝呢？**这个问题一直困扰着我，直到我看到 DNA 的显微照片或高能粒子碰撞在气泡室中产生的物质和反物质的轨迹。我从本能和理智上都觉得，如果没有人观察到这些现象，它们的存在就没有意义。

可见，我的家庭生活过得还不如诺曼·洛克威尔[①]（Norman Rockwell）。我的父亲是一名职业赌徒，靠赌牌为生，我的三个姊妹都没有读完高中。我和姐姐都努力在家不挨打，这也让我想通过抗争改变生活。除了吃饭或睡觉，我的父母不允许我在屋子里走动，所以我基本上是独处的。

---

① 诺曼·洛克威尔（1894—1978），20 世纪早期美国重要的画家及插画家，他的作品横跨商业宣传与爱国宣传领域。他结过三次婚，第二次世界大战期间他的画室起火，损失了不少画作和财产。

我经常沿着溪流或追踪着动物的脚印深入周围的森林，那里没有太泥泞或太危险的沼泽地和河床。我认为没有人见过或去过这些地方，而且我想象，就几乎所有人而言，它们并不存在。但是，当然，这些地方确实存在。它们和任何大城市一样充满了生命力，有蛇、麝鼠、浣熊、乌龟和鸟等。

我对大自然的理解始于这样的旅行。我翻动木头寻找蝾螈，爬到树上去查看鸟巢和树洞。思考关于生命本质这样更大的、有关存在的问题时，直觉告诉我，在学校里学到的静态的、客观的现实方面的知识有些不对劲。我观察到的动物有它们自己对世界的感知，也有它们自己的现实。虽然那种现实不是有着停车场和购物中心的人类世界，但对它们来说也是真实的。那么，这个世界到底在发生些什么呢？

有一次，我发现了一棵有很多疤结和枯枝的老树，树干上还有一个巨大的洞，就忍不住爬了上去。我悄悄地脱下袜子，套在手上，把手伸进洞里想探个究竟。一阵飞舞的羽毛把我吓了一跳，我感到有爪子和鸟嘴触碰到了我的手指。我缩回手，发现一只长着簇状耳朵的小猫头鹰正瞪着我。这是另一种生物，生活在自己的世界里，但不知何故，与我共处在了一个境地。我放走了这个小家伙，但我回到家时已经是一个内心有些变化的小男孩了。我家和邻里的世界只不过是宇宙的一部分，盘桓其间的意识，与我的相似但又不同。

蜻蜓是如何感知世界的

9岁时，那些莫名其妙、难以捉摸的生命问题开始真正吸引到我。我越来越清楚地意识到，生命中有一种我根本无法解释，但又感觉得到的力量。有一天，我开始着手诱捕一只土拨鼠，它的洞穴就在芭芭拉（Barbara）家旁边。她的丈夫尤金·奥唐奈（Eugene O'Donnell）先生是新英格兰地区最后的打铁匠之一。我到那儿的时候，他们家打铁铺上方的烟囱盖正在不停地旋转，吱吱嘎嘎地响着。这时，奥唐奈先生突然出现了，手里拿着猎枪，没看我一眼，就朝着那边开了一枪。烟囱盖的响声戛然而止。我告诉自己，我可不想被他抓住。

我记得，那只土拨鼠的洞不太容易够得到，因为它离奥唐奈先生的铺子很近，我都能听到风箱往锻炉里鼓风的声音。我悄悄地在长长的草丛中爬行，偶尔会惊起一只蚱蜢或蝴蝶什么的。我在一丛草下面挖了一个洞，放上了刚在五金店新买的钢制捕鼠器。然后我把挖出来的泥土放在洞前面，把捕鼠器藏在洞口边缘的泥土下面，确保没有石头或树根阻碍到它。最后，我拿起一根木桩，手里拿着石头，一遍又一遍地砸，想把木桩敲进地里。我忙着做这些事情，太投入了，都没有注意到有人靠近，所以听见有人突然说话时，真的把我吓了一跳：

"你在干什么？"

我抬起头，发现奥唐奈先生就站在那儿。他双目仔细地、慢慢地扫视着地面，满脸狐疑，直到他发现了捕鼠器。我什么也没说，努力让自己不哭出声。

"孩子，把那个捕鼠器拿给我，"奥唐奈先生说，"跟我来。"

我太怕他了，不敢忤逆他，照他的话做了，跟着他进了打铁铺。对我来说，这间打铁铺是一个奇怪的新世界，里面塞满了各种各样的工具，天花板上还悬挂着各种形状、发出不同声音的钟表。锻炉靠墙，通向铺子的中央。奥唐奈先生拉起风箱，把捕鼠器扔到锻炉里，捕鼠器下面先是出现了一小团火，然后变得越来越热，接着便噗的一声燃烧起来。

"这东西会弄伤狗，甚至会弄伤孩子的！"奥唐奈先生边说着，边用烤叉戳着炭火。捕鼠器烧得通红时，他从锻炉里取出来，用锤子把它敲打成一个小方块。

在等待这块金属冷却的过程中，他有一小段时间沉默不语。而我正好趁此机会环顾四周，打量着所有的金属小雕像、钟表和风向标。架子上陈列着一个罗马战士的雕刻面具，技艺精湛。然后，奥唐奈先生拍了拍我的肩膀，拿出了几张蜻蜓的素描图给我看。

"我跟你讲，"他说，"你每抓到一只蜻蜓，我就给你50美分。"

我说那会很有趣。临别时，我太激动了，竟然把土拨鼠和捕鼠器完全忘在了脑后。

第二天刚睡醒，我就带着果酱罐和捕蝶网出发到田野里去。空气中弥漫着昆虫的气息，花朵上有蜜蜂和蝴蝶，但就是不见蜻蜓的踪影。当我走过最后一片草地时，有根长长的、毛茸茸的香蒲棒吸引了我的注意力。一只巨大的蜻蜓正绕着它不停地飞舞。我抓住了它！然后我就蹦蹦跳跳地跑回奥唐奈先生的铺子。我最近改变了对这个地方的印象，不再把它看成是充满神秘、恐怖感的地方。

奥唐纳先生拿起一个放大镜，把罐子举到灯光下，仔细地审视这只蜻蜓。他从墙上取下了几根金属条棒，接着经过一番敲击，锻造出了一个华丽的小雕像，就是这只昆虫完美的实物形象。就像这只娇嫩的生物本身一样，雕像轻盈而又虚无。但他并没有捕捉到全部精髓。在那个时候，我开始想弄清楚，蜻蜓是如何感知世界的？

只要我活着，就永远不会忘记那一天。奥唐奈先生现在已经不在了，他的打铁铺依然保留着那只小小的铁蜻蜓，虽然现在已经布满灰尘，但时时提醒我，生命中还有比我们看到的凝成实物的连续形状和形式更难以捉摸的东西。

第5章

一个最基本的问题

人能做其所意愿，但不能意愿其所意愿。

——叔本华

本书后面的许多章节将用到空间和时间，特别是量子理论，来论证生物中心主义。但首先，我们必须用简单的逻辑来回答一个最基本的问题：宇宙在哪里？这正是我们需要与传统思维和共同假设分道扬镳之处。其中一些共同假设是语言本身固有的。

我们从小接受的教育认为，宇宙可以从根本上分为两个实体——我们自己和我们之外的东西。这看似合乎逻辑，又显而易见。所谓的"我"，通常被定义为我能控制的事情，比如我可以扭动自己的手指，但我不能扭动别人的脚趾。

因此，这种二分法在很大程度上是基于对身体的控制。自我和非我之间的分界线通常被认为是皮肤。皮肤可以强烈暗示我就是这个身体的，而不是其他的什么东西。

当身体的一部分消失时，比如双腿截肢，人们仍会觉得自己和以前一样，有"存在"和"在这里"的感觉，而且主观上丝毫没有减弱。按照这个逻辑继续推理，直到我们把大脑本身当作"我"——倘若人类的头部可以用人造心脏或其他什么东西来维护，那么就算你只剩下一个大脑，但在点名时被喊到名字，它也会回答："在！"

"外部世界"始于自我意识

勒内·笛卡尔（René Descartes）是西方现代哲学的奠基人之一，他的核心观念是意识至上；**所有的知识、所有的真理和所有存在的原则都必须从个体的心灵和自我感觉开始**。于是，就有了这句古老的谚语：**我思故我在**。除了笛卡尔和康德，还有许多其他的哲学家，如莱布尼茨、伯克利、叔本华和柏格森等，都对这些问题争论不休。但笛卡尔和康德，无疑都是有史以来最伟大的哲学家之一，他们的出现，标志着现代哲学史新纪元的开始。一切都从"自我"开始。

这种关于自我意识的书面记载已经有很多，它们致力于证明与大部分宇宙隔绝开来的独立自我，本质上是一种幻觉。这足以说明，在所有情况下，通过内省都会得出相同的结论，这个结论被笛卡尔简单表述为：**思考本身与"我"的感觉是同义的**。

思考停止时，会有相反的体验。许多人都有过这样的经历：看着婴儿、宠物或自然界的其他东西时，会感到一种难以言喻的喜悦，感到"脱离自我"，本质上自己成了被观察的对象。

1976 年 1 月 26 日，《纽约时报》（*The New York Times*）关于这一现象发表了一篇完整的文章，同时还有一项调查显示，至少有 25% 的人有过这样一种体验，他们称之为"万物统一的感觉"和"整个宇宙都是有生命的感觉"。在 600 名受访者中，足足有 40% 的人表示，"坚信爱是一切的中心"，并说这意味着"一种深深的平和的感觉"。

这非常有趣，但大多数人似乎从未有过上述体验。尽管调查可能在科学上是合理的，但其结论本身意义不大。试图理解自我意识时，需要的远不止这些。

当我们停止思考，的确会发生一些事情。缺乏语言思维或做白日梦显然不代表呆滞和空虚。更确切地说，就好像意识之基座离开了其跳跃、紧张、语言孤立的牢房，进入了意识剧院的其他部分，那些地方的灯光更明亮，对事物的感觉更直接、更真实。

这家剧院在哪条街上？　生命的感觉在哪里？

不妨从眼下感知到的事物开始，比如你手里正捧着的这本书。从语言和常识可知，一切都在我们之外的外部世界。但我们已经看到，没有与我们的意识发生互动的东西，都不可能被感知到，这是生物中心主义的第一条原则：大自然或所谓的外部世界必须与意识相互关联，两者缺一不可。这意味着，不去看月亮时，月亮实际上就消失了，这在主观上显而易见。无论是心里还在想着月亮，并相信月亮在绕着地球运行，还是认为其他人可能正在观察月亮，所有这些想法都属于心理活动。这里最根本的问题是，如果意识不存在，月亮会在什么意义上存在？以什么形式存在？

还有，观察大自然时，我们看到的是什么？从图像定位和神经力学（neural mechanics）的角度来看，答案实际上比生物中心主义的其他方面都更直接。因为树木、草地、你手中的书以及其他你感知到的一切都是真实的，而不是想象的，所以它们一定是在某个地方实际发生的。人类生理学教科书明确地回答了这个问题。

虽然眼睛和视网膜收集光子，传递电磁力的有效载荷，但这些光子会通过大量的神经元直接传输回来，直到**图像本身的实际感知在大脑的后部发生**，并在附近的其他位置得到增强。在一些特殊区域，神经元和星系中的恒星数量一样多。根据人类生理学教科书，这就是颜色、形状和运动"发生"的地方，也是它们被感知或认知的地方。

大脑如何认知"外部世界"

如果你有意识地感受你大脑中发光、充满能量的视觉部分，你可能会感到沮丧，你会拍拍后脑勺，接着感到一种特别的虚无感。其实这种尝试完全没必要，因为你每看一眼，你看见的事物都会进入大脑的视觉部分。现在，你随便看看周围的东西就知道了。我们所看到的是"外部"，即我们身外的东西，这种观点在语言和实用方面是很有效的，也是必要的，比如"请把那边的黄油递过来。"但不要搞错了，黄油的视觉图像，也就是黄油本身，实际上只存在于你的脑中。这才是黄油的位置，因为大脑是视觉图像唯一被感知和认知的地方。

有些人可能会想象有两个世界，一个在"外部"，另一个在脑袋里。但"两个世界"的模式是不真实的。除了知觉本身之外，没有任何东西被感知，没有任何东西存在于意识之外。只有一种视觉现实存在，那就是意识，它就在那儿。

因此，"外部世界"位于大脑或头脑中。这对那些研究大脑的人来说显而易见，但对许多别的人来说却难以接受，他们可能过度思考这个问题，并试图提出反驳观点。"是啊，但如果有人天生就失明，那会如何呢？""还有触觉啊。如果外面没有东西，我们为什么还会感觉到它们？"

但这些都不能改变我们刚刚讨论的事实：触觉也只发生在意识或头脑中。黄油的每一面、每一层的存在，都脱离不了人的存在。所有这一切都是显而易见的事实，它们真正令人费解的地方，以及一些人不愿接受的原因是，它摧毁了我们信奉一生的整个世界观，使之摇摇欲坠。如果摆在面前的就是意识或思想，那么意识就会无限延伸到所有被认知的事物上，会让我们对诸如空间这样事物的本质和现实产生怀疑（后面将用整整一章来讨论空间）。

科学的焦点领域也会发生变化：从研究冰冷、惰性、外部宇宙的性质转移到诸如你的意识与我的或其他动物的意识如何关联等问题上。但我们暂时把意识统一性问题搁置一边不谈。我们只需说，意识的任何总体统一性不仅难以或不可能证明，而且从根本上与语言的二元性（dualistic languages）不相容。这就额外增加了负担，使其难以仅靠逻辑来把握。

为什么呢？因为语言是专门为了象征主义运作而创造出来的，它将大自然划分为不同的部分，不同的行为。"water"这个词并不是真正的水，而是一种象征，在短语"it is raining"（在下雨）中，根本找不到这个词的对应物。即使我们非常了解语言的局限性和变化无常，也必须特别注意，生物中心主义或任何其他认知宇宙是一个整体的方式，可能乍一看不符合习惯的语言结构，但也不要过快地否定它，我们将在后文中更详细地讨论这个问题。

这里的挑战在于，不仅要看穿习惯性思维，还要超越思维过程本身使用的某些工具，以一种比我们习惯的方式更简单、更苛刻的方式把握宇宙。象征领域中的一切，即使是山脉，它们在某个时间点出现过，最终也绝对会死亡消失。但就像量子理论涉及粒子纠缠的某些方面一样，意识可能完全存在于时间之外。

最后，有些人又回到"控制"方面，主张从根本上将我们自己与外部客观现实分离。但"控制"是一个被广泛误解的概念。虽然我们普遍相信云可以自己形成，行星可以自己旋转，人的肝脏也可以"完全靠自己"制造数百种酶，但我们仍习惯认为，我们的头脑拥有一种独特的自我控制特征，这种特征在自我和外部世界之间划出了界限。

事实上，目前的实验已经证实：在大脑中，电化学连接的神经脉冲以每小时 240 英里（约 386 千米）的速度传播，这让大脑做出决定的速度比我们意识到它们还要快。换句话说，大脑和精神也是完全独立运作的，不需要我们的思想来干预，而思想也会偶然地自发出现。因此，在很大程度上"控制"也是一种错觉。正如爱因斯坦引用的叔本华的话："人能做其所意愿，但不能意愿其所意愿。"

这一领域被引用次数最多的实验（如图 5-1），是在 20 世纪 80 年代前进行的。

图 5-1　利贝特实验

研究人员本杰明·利贝特（Benjamin Libet）要求受试者随机选择一个时间做手部动作，同时将手臂与脑电图仪（electroencephalograph，EEG）相连，以监测大脑的"准备电位"（readiness potential）。电信号当然总是先于实际的身体动作，但利贝特想知道电信号是否也先于受试者想做动作的主观感觉。

简而言之，是否存在一些主观"自我"有意识地决定要做某事，从而启动大脑的电流活动，最终引发行动？抑或反过来？因此，研究人员要求受试者在第一次感觉到要移动手的最初意图时，记录下时钟秒针的位置。

利贝特的实验是有效的，可能也并不令人惊讶：在受试者**有意识地做出决定之前，无意识、无感觉的脑电活动已经发生了整整半秒**。2008 年，利贝特公布了更多分析大脑功能的新实验，他的研究团队可以提前多达 10

秒预测出受试者将要举起哪只手。对认识到做决定的意识来说，10 秒近乎无限长久了，这说明受试者的最终决定在其本人尚未意识到之前的很长时间里，就可以从大脑扫描中看到了。

此项实验和其他实验都证明，大脑在潜意识层面做出了自己的决定，而人们只是在后来才感觉到"他们"做了一个有意识的决定。这意味着，与心脏和肾脏的自主操作不同，大脑的运作是握着控制杆的"我"在负责的，而我们一生都在思考。利贝特得出的结论是，**个人自由意志感仅仅来自对持续流动的大脑活动的习惯性回溯。**

同一枚硬币的两面

那么，我们该如何看待这一切呢？

首先，我们可以真正自由地享受生命的绽放，既包括大自然的生命，也包括我们自己的生命。不要受后天的、充满内疚的控制感的阻碍，也不要苦于为了避免混乱而强迫自己的需求，我们完全可以放宽心，因为无论如何我们都会自然而然地这样做。

其次，也是本书和本章的重点，当代脑科学知识说明，看起来在"外部"的事物实际上是发生在我们自己的头脑中，就像视觉和触觉体验并不是发生在某个我们普遍相信的外在位置上，那个我们习惯性认为与自身有距离的地方。环顾四周，我们看到的只是自己的思维，或者更确切地说，外在和内部之间的关系没有真正地断开。

相反，我们可以把所有的认知都标记为我们体验的自我和宇宙中的某些能量场的混合体。为了避免这种尴尬的措辞，我们将其简单地称为意识（consciousness/awareness）。鉴于此，我们将看到任何"万物理论"都必须包含这种生物中心主义，否则那就是一列无路可走的火车。

小结如下：

生物中心主义第一原则：我们所感知的现实是一个涉及我们意识的过程。

生物中心主义第二原则： 我们的外部感知和内部感知密不可分。外部感知和内部感知是同一枚硬币的两面，彼此不能分离。

第6章

时光里的泡泡

一切都是变化的，一切都会弃而离之。

——欧里庇得斯（Euripides），希腊三大悲剧大师之一

时钟的嘀嗒嘀嗒声并不意味着时间。时间是生命的语言，就其本身而言，最能强烈感受到时间的是人类。

记得有一天，我父亲把泡泡推到一边，又把她狠狠地揍了一顿。

我的父亲是一个老派的意大利人，养育孩子的观念很陈旧，那天的事其实经常都有。泡泡真名叫贝弗利（Beverly），她是我的姐姐，我们感情深厚。泡泡遭受了如此的屈辱，40年过去了，我仍能清楚地记得，就像发生在昨天一样。

"那真的发生过吗？"

那是新英格兰地区一个寒冷的早晨，我连脚趾头都冻僵了。我戴着手套，拿着午餐盒，像往常一样正站在校车站。这时，一个年长的邻居男孩把我推倒在地，我现在已经想不起到底发生了什么。我躺在人行道上，无助地抬头看着那个男孩，"放过我吧，"我抽泣着说，"让我起来。"

我就那么一直躺在地上，浑身冰凉，浑身疼痛。这时，我抬眼看见泡泡正朝着这边跑过来。她跑到车站，眼睛狠狠地瞪着那个大男孩，我看得出男孩立刻感到了害怕。仅这一次，我就非常感谢泡泡了。"你再敢碰我弟弟，"她说，"我就打爆你的脸。"

我猜，我一直是她的最爱。其实，我对自己童年最早的记忆就是和泡泡在一起玩假扮医生的游戏。"你有点不舒服，"她说着，递给我一杯沙子，"这是药。喝了这个，你会感觉好些。"我接过杯子，准备把它喝下去，泡泡叫道："别喝！"后来，我意识到这只是假装的，不应该真的去喝，但当时我就会相信是真的。

很难想象，后来成为医生的是我，而不是泡泡。在我的记忆中，泡泡又聪明又努力，什么都争取做到最好，是个优等生，所有的老师都喜欢她。但泡泡时运不济，命途多舛。十年级的时候，她就辍学了，并走上了吸毒的毁灭之路。

我只能把这件事情理解为家境不好所致。她身上的不幸几乎没有得到缓解，而且还无意识间循环往复、不断发生。她被打，逃跑，然后又被惩罚。

我想起泡泡躲在门廊下的样子，不知道她以后该何去何从。我还记得笼罩在那个地方的恐怖气氛：父亲的声音从楼上穿墙而出，让我瑟瑟发抖，我看到泡泡也是泪流满面。想到这些，我时常不解，难道就没有人能站出来替她说话吗？明明老师、警察，甚至法院指定的社工都可以出面，但他们却都没有作为。

后来，泡泡搬了出去。虽然我对事情的原委不甚清楚，但我得知她怀孕了。我只记得，泡泡穿着宽松的衣服，婴儿仿佛在她的身体里动来动去。所有的亲戚都拒绝参加她的婚礼，我拉着她的手对她说："没关系的！没关系的！"

"小泡泡"的诞生让幸福时刻降临，恰似沙漠中出现的一片绿洲。在那些到病房探望她的人当中，有许多熟悉的面孔——我的母亲，我的妹妹，甚至还有我的父亲。泡泡那么心地善良，那么招人喜欢，所以我看到他们都在那儿时，并不感到惊讶。泡泡那时该有多开心啊！我坐在她床边时，她问我愿不愿意做她孩子的教父。

但幸福的时刻总是转瞬即逝，像柏油马路边的野花。泡泡为这短暂的幸福付出了代价。总之后来，她疾病复发，她的锂治疗失败了，心智也逐渐退化，她讲的话越来越缺乏逻辑，行为也变得越来越古怪。那时我已经掌握了足够多的医学知识，因此能坦然接受泡泡患病的结果，但也只能眼睁睁地看着她和孩子被分开，心里五味杂陈。我深深地记得她在医院里的样子，完全没有治愈的希望，她被束缚住手脚，靠药物镇静。那天我离开医院时，对她的回忆与泪水交织在一起。

泡泡知道，在那难得的宁静时光里，没有什么地方比我们童年的房子更舒适，没有什么地方比那儿的青苹果树下更阴凉。50 多年前，芭芭拉的父亲在那里种下了这些苹果树。有一次，在我父母卖掉房子很久之后，新主人看到泡泡坐在人行道上，胳膊肘支在膝盖上。卧室的窗户都敞开着，让花香四溢的微风吹进来。野玫瑰还在房子边的老花架上摇曳。

"请问，女士，你没事儿吧？"新主人问她。

"没事儿，"泡泡说，"我会没事的。她——我母亲——在家吗？"

"你妈妈已经不住在这儿了。"新主人说。

"你为什么要这么说？你在撒谎。"

一番争论之后，新主人报了警，警察把泡泡带到警察局，并通知我母亲去接泡泡，说可能要把她带去诊所打针。

尽管这些事情都发生在她身上，但泡泡仍然是一个非常有魅力的女人。她经常吸引城里男人的目光，他们会对着她吹口哨。她失踪一两天是常有的事。有一次，有人发现泡泡睡在公园里，表情非常痛苦，头发垂在脸上。

我记得一两年后她怀孕了，我只能理解为可能有人占了她便宜。我清楚记得，她抱着孩子，沉默而尴尬地看着我。婴儿的头发像秋天的枫叶一样红。婴儿的脸看上去非常可爱，我想，他不像我们认识的任何人。

当泡泡甚至连她住在哪里都记不起来的时候，我不知道自己是高兴还是难过。一天晚上，有人发现她在附近的公园里游荡时，我也是这种感觉。一名保安把泡泡送到我父亲的公寓门口，说："您的女儿，兰札先生。"父亲把她带进屋里，用水壶给她热了些咖啡，并慷慨地给她提供了所需的东西。如果他在 40 年前就给她这样的关爱，这个故事也许会有不同的结局。

关于泡泡的故事，还有她与我的关系，世上有千万种不同的版本。这不过是很多家庭里关于精神疾病，关于妄想，关于悲剧，还夹杂着欢乐的时光。在我们到达生命的暮年，回忆我们的亲人时，总是带有不真实的光环，可谓亦真亦幻亦如梦。特别是一个分别已久的至亲至爱的形象出现在脑海中时，我们会想："那真的发生过吗？"我们仿佛处于清醒的梦境中，在一个满是镜子的大厅中，看着年轻与年老、梦与清醒、悲剧与喜悦，像老式无声电影的画面一样快速闪烁。

机械思维模式给出的"希望"

正是在这个时候，神父或哲学家会介入并提供建议，或者他们称之为：希望。但"希望"是一个可怕的词。它将恐惧和对某种可能性的支持结合在一起，就像一个赌徒注视着旋转的轮盘，旋转结果将决定他是否能够偿还抵押贷款。

不幸的是，这正是科学中盛行的机械思维模式所给出的"希望"。如果你的生命、我的生命和泡泡的生命（她在医疗辅助护理下仍然活着）起源于死寂乏味的宇宙间随机分子碰撞，那么请注意了，我们被搞砸的可能性和被宠上天的可能性一样大。骰子可以朝任何方向滚动，我们应该珍惜所拥有的美好时光，然后缄默不语。

真正随机的事件既不令人激动也没有创造性，有也乏善可陈。然而在生命中，有开花和绽放，有无法用逻辑思维去理解的体验。当夜莺在月光下吟唱，你的心也在充满敬畏的欣赏中跳得更快时，哪个头脑正常的人会说这是由愚笨的弹子球根据机会法则互相撞击而产生的呢？有眼力见的人都不会说出这样的话。然而，时不时就有科学家站在讲台上面无表情地断言，拥有数万亿个完美功能部件的有意识、正常运转的有机体，是掷骰子的唯一结果。这总会让我惊讶不已，因为明明我们最微不足道的举动都能证实生命设计的魔力。

我们所体验过的经历，即使是像我姐姐泡泡那样悲伤、奇怪的经历，也从来不是随机的，最终也不是恐怖可怕的。这些经历可以被视为冒险，又或者是一段浩瀚永恒旋律中的插曲，而人类的耳朵无法欣赏到这部交响乐的全部音域。

无论如何，一个人的经历肯定是有限的，有生必有死。那么宇宙呢？是像纸杯蛋糕那样有生产日期和失效日期的有限物品，还是永恒的？这个问题将在以后的章节进行讨论。接受生物中心主义的观点就意味着：你不仅要将自己的命运与生命本身联系在一起，还要与意识联系在一起，因为我们既不知道意识的起点，也不知道它的终点。

生命大设计

创生

BIOCENTRISM

第 7 章

当明天比昨天来得更早时

我认为可以肯定地说，没有人理解量子力学。如果可以的话，不要一直对自己说："怎么会这样呢？"因为这徒劳无功，你会钻进死胡同，那里无人能逃。

——理查德·费曼（Richard Feynman），1965 年诺贝尔物理学奖得主

量子力学以惊人的准确度描述了原子及其组成部分的微观世界和行为。人们用它设计和制造了许多造福现代社会的科技，如激光和高级计算机。但量子力学在很多方面都动摇了我们基本的、绝对的时空观念，还动摇了所有牛顿式的观念，包括秩序和可靠预测。

夏洛克·福尔摩斯有句古老的格言："排除了不可能的事情，剩下的任何事情，无论多么不可思议，都一定是真相。"

在这一章中，我们也会像福尔摩斯一样审慎地筛选出量子理论的证据，不再被三百年来科学界的偏见所迷惑。

科学家之所以"钻进了死胡同"，是因为他们拒绝接受实验得到的直接而明确的结果。而生物中心主义则是唯一一种人类可以理解的，对"世界为何是这样"的解释。摒弃传统思维方式时，我们不用感到惋惜，正如诺贝尔奖得主史蒂文·温伯格（Steven Weinberg）所说："把人局限在物理学基本定律中，是一件令人不快的事情。"

EPR 悖论：爱因斯坦错了吗

为了解释为什么空间和时间对观察者来说是相对的，爱因斯坦给时空这个看不见、摸不着的无形实体赋予了弯曲的数学特性。他确实成功地解释了物体如何运动，特别是在引力环境或高速运动的极端条件下，但这也导致许多人认为时空就像切达奶酪（cheddar cheese）一样是真实的实体，而不是以计算运动为特定目的的数学虚构。当然，时空已经不是数学工具与有形现实相混淆的第一个例子了：-1 的平方根（$\sqrt{-1}$）和无穷大（∞）的符号是数学上无法回避的两个概念，但它们也只是概念，在物理宇宙中从来就没有对应物。

量子力学的出现，又让观念的现实和物理的现实更加对立。尽管观察者在这一理论中起着核心作用，因为观察者将这个理论从空间和时间扩展到物质本身的特别属性上，但仍有部分科学家认为观察者是累赘和非实体，而将其排除在外。

在量子世界中，即使是经爱因斯坦改良的牛顿时钟，一个复杂的，可以预测太阳系的计时器，也无法发挥作用。独立事件可以发生在单独的、不相关的位置，这一概念常被称为"定域性"（locality）。这个概念在原子或原子以下的层面是不成立的，而且有越来越多的证据表明，这种不成立也完全可以延伸到宏观层面。根据爱因斯坦的理论，在空间-时间模式中的事件可以通过相互之间的关系来测量，但量子力学要求人们更多地关注测量本身的性质，这就威胁到了客观性的根本。

研究亚原子粒子时，观察者似乎改变并决定了所感知到的东西。实验者的存在和使用的方法，与他试图观察的东西以及得到的结果，不可救药地纠缠在了一起。事实证明电子既是粒子又是波，但如何定位？更重要的是，将这样的粒子定位在哪，正是由观察行为本身所决定的。

这的确是新鲜事儿。前量子物理学家们合理地假设了一个外部的、客观的宇宙，期望能像研究行星一样确定单个粒子的轨迹和位置。他们假设，如果从一开始就知道一切，那么粒子的行为就完全可以预测。也就是说，只要有足够的技术，他们可以测量任意大小物体的物理特性，测量的精确度也不受限制。

除了量子不确定性，现代物理学的另一个方面也触及了爱因斯坦离散实体和空间 - 时间概念的核心。爱因斯坦认为，光速是恒定的，一个地方发生的事件不能同时影响另一个地方发生的事件。在相对论中，信息从一个粒子传播到另一个粒子时，必须考虑到光速。这一点已经被证实了有近一个世纪了，即便是考虑了引力的影响也是如此。在真空中，光速严格遵守每秒 186 282.4 英里（约 30 万千米）的速度。然而，最近的实验表明，并非每一种信息的传播都是如此。

真正的诡异始于 1935 年，当时爱因斯坦、波多尔斯基（Podolsky）和罗森（Rosen）在一篇非常著名的论文中探讨了粒子纠缠这一奇特的量子现象，这种现象至今仍被称为"EPR 悖论"（EPR correlation）。三位科学家驳斥了量子理论的预测，即一个粒子可以以某种方式"知道"另一个在空间上完全分离的粒子正在做什么，并将类似的所有观察结果都归因于观测中某种未知的局部污染（local contamination），而不是那种被爱因斯坦揶揄的"鬼魅般的超距作用"（Spooky Action at a Distance）。

这是一句很棒的俏皮话，与这位伟大的物理学家流行的其他几句名言（比如"上帝不掷骰子"，就是对量子理论的一次抨击）同样著名。这次是因为量子理论越来越坚持某些东西只是以概率的方式存在，而不是真实存在于位置上的实际物体。"鬼魅般的超距作用"这句话，在物理学课堂上被重复了几十年，确实是一语道破了大众意识深处难以理解量子理论的实情。鉴于当时的实验设备还相对简陋，谁又敢说爱因斯坦是错的呢？

——— 阿尔伯特·爱因斯坦 ———

量子力学的确雄伟壮丽，然而内心却告诉我，它还不是那回事。

这理论说了很多，却没引领我们更接近"上帝"的秘密。

我，无论如何，深信上帝不掷骰子。

但爱因斯坦的确错了。1964 年，爱尔兰物理学家约翰·贝尔 (John Bell) 做了一项实验。该实验能够验证粒子是否可以在相隔极远距离的情况下瞬间相互影响。首先，必备两个具有相同波函数的物质或光 (即使是固体粒子也有能量波的性质)。这很容易实现：

> 让一个光子穿过一种特殊的晶体，就会得到两个光子，每个光子的能量是入射光子的一半，即两倍波长，并且该系统遵循能量守恒，即输出的总能量和输入的总能量是一样的。

注意，量子理论告诉我们，自然界中的一切都同时具有粒子和波的性质，并且物体的表现仅以概率的形式存在。所以在波函数坍缩之前，任何微观物体实际上都没有确定的位置或运动状态。那怎么观察波函数的坍缩？随便扰动一下。用一束光照射该物体，然后"拍下照片"就可以了。但大家逐渐明白，实验人员无论用什么方式观察物体，物体的波函数都会坍缩。最初是假设需要"看到"，比如说，为了测量电子的位置而向电子发射光子，并且意识到两者之间产生的相互作用，让波函数自然地坍缩了。

但从某种意义上说，实验已经受到了污染。随着更精妙实验的出现（详见下一章），结论也越发明显，**实验者头脑中稍有对粒子的想法就足以使其波函数坍缩。**

贝尔定理推翻了一切

这已经很奇怪了，但还有更奇怪的。当粒子产生纠缠时，这对粒子是共享一个波函数的。当其中一个粒子的波函数坍缩时，另一个粒子的波函数也会同时坍缩——即使它们远在宇宙两端。这意味着，如果一个粒子被观察到

"向上自旋"，则另一个粒子瞬间从不确定的概率波状态变成做相反自旋的实际粒子。两个粒子紧密地联系在一起，从某种程度上说，它们之间不存在空间，也没有影响它们行为的时间（如图 7-1）。

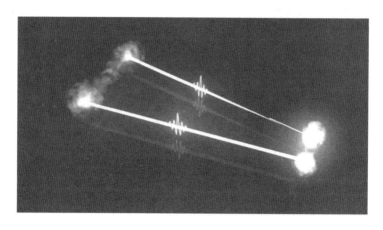

图 7-1　量子纠缠

注：量子纠缠可以预测相隔甚远的一对量子的状态。即使对方远在天涯，双方的行为也相互关联，并会即刻响应。

1997 年到 2007 年的实验都表明事实确实如此，就像微小粒子有与生俱来的超感力（extra sensory perception，ESP）似的。如果观察到一个粒子随机选择走一条路而不是另一条，那么其孪生粒子在同一时刻总会表现出相关的行为，实际上是互补行为，即使这对粒子相隔很远。

1997 年，瑞士研究员尼古拉斯·吉森（Nicholas Gisin）策划了一场特别惊人的验证。吉森的团队做出了纠缠态的光子或者说相互纠缠的光束，让它们沿着光纤飞行了 7 英里（约 11.27 千米）。当其中一个光子遇到干涉仪，被迫随机选择两条路径中的一条时，吉森发现，无论一个光子做出何种选择，其孪生光子总会在瞬间做出另一个选择。

这里最重要的是"瞬间"（instantaneous）这个词。第二个光子的反应在测试仪器精度极限的不到一百亿分之三秒后发生，甚至比光穿过 7 英里光纤所用的时间（约 26 微秒）还要快，这在习惯上就可以确定是同时发生的。

尽管量子力学预测到了这一结果，但实验物理学家们还是感到十分震惊。该实验证实了这个惊人理论的预测，**即纠缠态的孪生粒子会瞬间响应另一个粒子的行为或状态，相隔可以是任何距离，无论有多远。**

这也太离谱了，以至于有些人一直在寻找其中可能存在的漏洞。比较突出的观点有"探测器缺陷漏洞"，即到目前为止的实验都没有捕捉到足够数量的孪生光子。质疑者们认为，设备观察到的粒子比例太小，只是以某种方式优先揭示了那些行为同步的光子对。但 2002 年的一项新实验有效地堵住了这个漏洞。美国国家标准与技术研究所的大卫·维因兰德（David Wineland）博士带领一组研究人员在《自然》（*Nature*）杂志上发表了一篇论文，他们用纠缠态的铍离子对和高效能的探测器证明，每个铍离子确实同时响应了它的孪生离子。

极个别的人认为，某种新的、未知的力或相互作用从一个粒子传递到其孪生粒子，传送时间为零。但维因兰德告诉本书的作者之一说，"存在鬼魅般的超距作用"。当然，他知道这根本称不上什么解释。

大多数物理学家认为，相对论不可逾越的光速极限并没有被打破，因为发送粒子的行为总是随机的，没有人能用 EPR 悖论来发送信息。目前的研究主要是针对实际问题而不是哲学问题，大家是想利用这种奇异行为来创造新的超级量子计算机，正如维因兰德所说："充分利用量子力学的所有奇异特点。"

过去十年的实验似乎确实证明了爱因斯坦坚持的"定域性"理论是错

误的。因为这里的定域性是指任何信息都不能以超越光速的方式影响其他事物。而生物中心主义认定，我们观察到的实体都呈现在一种场域（field）中——思维的场域中，并不受限于一个世纪前由爱因斯坦提出的外部空间 - 时间模式。

当生物中心主义援引量子理论作为论证其正确性的一个主要证据时，没有人会想到，生物中心主义只是量子现象的一个方面。1964 年提出的贝尔定理（Bell's Theorem），在随后的几年中一次又一次被证明是正确的，这摧毁了爱因斯坦等人关于可以维持定域性的所有残存希望。

在贝尔定理之前，人们仍然认为客观独立宇宙的定域实在论（local realism）是可能的；在贝尔之前，人们仍然坚持几千年前的假设，即**物理状态在被测量之前就已经存在**；在贝尔之前，人们仍然普遍认为粒子具有独立于测量行为的确定属性和值。最后，爱因斯坦证明了没有任何信息的传播速度可以超过光速，所以人们认为，如果距离足够远，其中一个观察者的测量就不会对另一个观察者的测量产生任何影响。现在这一切都被永远地推翻了。

观察行为直抵量子物理学的核心

除了上述之外，生物中心主义可以很好地容纳量子理论里经常让人感到困惑不解的三大独立领域。稍后会更详细地讨论其中的大部分内容，在此先提纲挈领地罗列一下。第一个是刚刚提到的粒子纠缠现象。纠缠是指两个物体之间非常亲和，即使它们之间隔着星系，也可以瞬间、毫无例外地表现得像一个整体。其诡异性在经典的双缝实验中更加明显。

第二个是互补性。这意味着微小物体可以以一种或另一种方式展示自己，但不能两种方式都展示，这取决于观察者的行为。事实上，微小物体并不存在于特定的位置，也没有特定的运动，只有观察者的知识和行为才能使它在某个地方或以某种特定的运动形式出现。有许多这样的互补属性对：一个物体可以是波，也可以是粒子，但不能既是波又是粒子；一个物体可以停留在特定的位置，也可以处于运动状态，但不能既静止又运动，等等。其现实完全取决于观察者和他的实验。

支持生物中心主义的第三个量子理论属性是波函数坍缩（wave-function collapse）。也就是说，一个物理粒子或光束只以一种模糊的概率状态存在，直到其波函数在被观测时坍缩，才呈现出确定的存在。根据哥本哈根诠释（Copenhagen interpretation），这是对量子理论实验中发生的事情的标准解释，当然，相互冲突的观点仍然存在。

幸运的是，沃纳·海森堡（Werner Heisenberg）、贝尔、吉森和维因兰德的实验让我们回到体验本身，即此时此地的即时性。在物质以鹅卵石、雪花甚至亚原子粒子的形式出现之前，必须被生物观察到。

这种"观察行为"在著名的双缝实验中得到了直观体现，直抵量子物理学的核心。这个实验用各种方式反复重做过多次，都无可争辩地证明，如果有人观察了一个亚原子粒子或者一个光子穿过挡板上的某个狭缝，那它的行为就会像粒子一样，穿过挡板上的单个缝，结结实实地、乒乒乓乓地砸在狭缝后面的屏上，就像一颗小小的子弹那样可预见地穿过这个或那个缝。

但如果科学家们没有进行观察，那么这些粒子就会表现出波的行为，即使无法分裂自己，这些粒子也会概率地、以各种可能的方式，包括以某种方式同时穿过两个狭缝，然后在屏上留下只有波才能产生的波纹图案。

几十年来，这种被称为量子奇异（quantum weirdness）的波粒二象性，一直困扰着科学家。连一些最伟大的物理学家都将其描述为不可直觉感知、不可语言表达、不可视觉化，并使常识和一般感知失效。科学界基本已经承认，量子物理学在复杂数学之外是无法理解的。量子物理学怎么会如此不可理喻，难以直观地用语言表述呢？

令人惊讶的是，如果我们相信是生命创造了现实，量子物理学就会变得简单易懂。关键问题是："什么的波？"

早在 1926 年，德国物理学家马克斯·玻恩（Max Born）就证明了量子波是概率波，而不是他的同事薛定谔用理论说明的物质波。概率波是统计预测，因此，量子波只不过是可能的结果。事实上，离开了这个想法，波并不存在！波是无形的。正如诺贝尔物理学奖得主约翰·惠勒（John Wheeler）曾经说过的那样："任何现象在被观察之前，都不是实在的现象。"

注意，我们谈论的是像光子或电子这样的离散物体，而不是无数物体的集合，比如，一列火车。显然，我们拿着时刻表，到车站去接朋友时是相当自信的，因为我们非常确定，即使没有亲眼看见，朋友所乘坐的火车也确实存在。对此情况的解释是，所指对象变大时，其波长变短。进入宏观领域，波长太短而无法被注意或测量到，但波仍然存在。

对微小离散粒子来说，如果没有观测它们，就不能认为它们具有任何真实的存在，无论是在持续的时间中，还是在空间的位置上，都不存在。直到我们的意识把定位物体的框架设置到位、直到思路完全厘清，即代表该物体可能值范围的概率模糊的某处前，都不能认为该物体是存在于这里或那里的。因此，量子波仅仅定义了粒子可能占据的潜在位置。当科学家观察粒子时，粒子将在该事件发生的统计概率内被发现。这就是波的定义。概率波不是事件或现象，而是对事件或现象发生的可能性的描述。**在事件实际被观察到前，什么都没有。**

因为光子或电子都是不可分割的，所以在双缝实验中，我们会固执地认为每一个光子或电子必定只能通过两个狭缝中的一个，因此追问：一个特定的光子到底通过了哪条缝？许多杰出的物理学家早就设计了一些实验，试图测量单个粒子在形成干涉图案时穿过了"哪条缝"。

然而，他们都得出了惊人的结论，即不可能同时观测到粒子的路径信息和干涉图案。我们可以通过设置测量装置来观察并明确光子穿过哪个狭缝，可是，一旦在实验设备上设置了这种测量装置，光子就会集中在屏幕上某点附近，完全没有出现干涉图案的波状条纹。简而言之，它们将展现出自己的粒子特性，而不是波。整个双缝实验极其令人费解的特性，将在下一章中用插图展示。

很显然，看着光子穿过屏障会让其波函数当场坍缩，并使其失去选择两种可能性的自由。还有更怪异的。一旦接受不可能同时获得路径信息和干涉图案，我们就可以进一步思考了。

让我们设想相互纠缠的两个光子，分别命名为 y 和 z。让它们两个分别进行双缝实验。我们已经知道，如果在到达探测屏幕之前，没有对光子 y 做任何测量，它就会神秘地同时穿过两个狭缝，并产生干涉图案。在这个新装置中，我们发明了一种仪器，可以测量其孪生光子 z 在几英里外的路径。

没错，一旦启动这个仪器，光子 y 就会立即"知道"我们可以推断出它的路径，因为它总是做与其孪生光子相反或互补的行动。在为远处的光子 z 打开测量仪器的瞬间，尽管丝毫没有扰动到光子 y，y 也会突然停止显示干涉图案。真的会这样，而且是瞬时、实时发生，即使 y 和 z 在星系的两端。

这已经十分不可思议，但事情还在变得更加诡异。如果让光子 y 先通过狭缝，然后在它撞击屏幕前的一瞬间测量其孪生光子 z，我们就应该能骗过量子规律。因为在我们扰动孪生光子 z 之前，光子 y 已经通过了狭缝，做出了选择。所以我们应该能够在测量到两个光子偏振情况的同时，观察到干涉图案了吧？

错！实施这个实验时，得到的并非干涉图案。光子 y 先见性地放弃了同时穿过两个狭缝，于是干涉现象消失了。很显然，在其孪生光子 z 还没有遇到偏振探测设备之前，不知何故，光子 y 就已经知道了我们最终会了解其偏振状态。

这是怎么回事？这对时间、对任何真实存在的顺序、对现在和未来，意味着什么？又对空间和分离，意味着什么？对于我们自己的角色，以及我们对粒子的了解，如何在不需要任何时间的情况下，影响几英里外的实际事件？我们必须得出怎样的结论？这些光微粒怎么能知道未来会发生什么呢？它们如何能以比光速还快的速度进行即时沟通？

显然，这对光子以一种特殊的方式关联在一起，无论相隔多远都不会隔断其联系，而且这种方式与时间、空间甚至因果关系无关。更重要的是，所有这些实验发生的观察和"思维场"有什么意义？

放大叠加实验：生物中心主义最有力的证据

哥本哈根诠释诞生于海森堡和玻尔思想狂热的 20 世纪 20 年代，它勇敢地解释了量子理论实验中颇难理解的实验结果。但是，对大多数人来说，这是一个令人不安的世界观转变，无法完全接受。以下观点就是由哥本哈根诠释最早提出的：在进行测量之前，亚原子粒子并不真正存在于某个特定的地方，也没有实际的运动（图 7-2）。

这些观点大约在 40 年后被约翰·贝尔和其他人所证实。亚原子粒子栖身于奇怪的幽冥世界，那里没有实际存在的任何位置概念。只有在波函数坍缩时，这种模糊的不确定存在才会结束。

仅仅过了几年，哥本哈根诠释的拥趸就意识到，除非被感知到，否则没

图 7-2　哥本哈根诠释的奠基人，1936 年摄于玻尔研究所

从左到右分别是玻尔、海森堡和沃尔夫冈·泡利（Wolfgang Pauli）

有什么是真实的。这与生物中心主义的观点不谋而合。

如果我们想要某种能替代"因为有人看了某物体，其波函数就坍缩"的观点，又想避免那种"鬼魅般的超距作用"，我们可能会选择哥本哈根诠释的竞争对手——"多世界诠释"（Many Worlds Interpretation，MWI）。

该理论认为任何事情都可能发生，也会发生。宇宙像发酵的酵母一样不断地分支出无数宇宙，包含着各种可能性，无论距离多么遥远。你只是栖身于其中一个宇宙，但在其他无数的宇宙中，另一个"你"可能学的是摄影而不是会计，也确实搬到了巴黎，娶了你在搭便车时遇到的那个女人。

以这种现代理论家斯蒂芬·霍金所接受的观点来看，我们的宇宙根本没有叠加或矛盾，没有鬼魅般的超距作用，也没有看似矛盾的量子现象的非定域性（non-locality），而你认为没有做出的所有个人选择，在无数个平行宇宙中都存在着。

那么哪一个是正确的？过去几十年的所有纠缠粒子实验都愈发倾向于

哥本哈根诠释，而这一点，正如我们所说，强烈支持生物中心主义。

一些物理学家（如爱因斯坦）提出的"隐性变量"（hidden variables），即尚未发现或未被理解的事物，可能会最终解释量子的反逻辑行为；也许实验装置本身以不为人知的方式影响了被观察物体的行为。显然，一个未知变量正在产生某种结果的说法，没有人能反驳，因为这句话本身就像政治家的选举承诺一样无济于事。

后来，这些实验在公众心目中的意义开始逐渐淡化，直到最近，量子行为还局限于微观世界。但这并不是轻视量子理论的理由，而且现在世界各地的实验室又受到了挑战：针对被称为"巴基球"（buckyballs）的大分子进行的新实验表明，量子的影响已经延伸到了我们生活的宏观世界。2005 年，$KHCO_3$（碳酸氢钾）晶体表现出半英寸（约 1.27 厘米）高的量子纠缠带（quantum entanglement ridges），可见其迹象已经达到日常辨识水平。事实上，最近一项令人激动的新实验，即放大叠加实验，将为证明生物中心主义的世界观在生物体层面的正确性提供迄今为止最有力的证据。

对此，我们会说——当然！

因此，我们增加了生物中心主义的第三个原则：

生物中心主义第一原则：我们所感知的现实是一个涉及我们意识的过程。

生物中心主义第二原则：我们的外部感知和内部感知密不可分。外部感知和内部感知是同一枚硬币的两面，彼此不能分离。

生物中心主义第三原则：所有粒子和物体的行为与观察者的存在密不可分。如果没有有意识的观察者，它们至多只能以概率波的不确定状态存在。

第8章

为什么说双缝实验很诡异

我知道这件事没有矛盾，但在我看来，它一定有不合理之处。

——爱因斯坦

不幸的是，量子理论已经成为证明各种新时代谬论的通用短语。许多作者在自己的书中提出了时间旅行、精神控制这样的古怪说法，或者以量子理论为"证据"，但他们可能连基本的物理学知识都没掌握，更不用说量子理论了。2004 年的一部电影《我们到底知道什么？》(*What the Bleep Do We Know?*) 就是一个很好的例子。电影一开始就声称，量子理论已经彻底改变了我们的思维（这一点倒是真的），随后又说，量子理论证明人们可以穿越到过去，或者"选择你想要的现实"，关于这点电影并没有提供任何具体解释或阐述。

可量子理论从来没有这么说过。量子理论研究的是概率问题，研究的是粒子可能出现的地方，以及粒子可能采取的行动。正如我们将看到的，光或物质微粒确实会改变行为，这取决于它们是否被观察。被测粒子也确实惊人地影响了其他粒子过去的行为，但这并不意味着人类就此可以穿越到过去或影响自己的历史。

鉴于量子理论这一术语的日益泛滥，加上生物中心主义对理论框架原理的改变，我们拿量子理论作为证据可能会让持怀疑态度的人感到不屑。因此，让读者对量子理论的实际实验有一些真正的理解，知道真实的实验结果是很重要的，如果带点耐心读下去，本章将让你了解到物理学史上最著名、最不可思议的实验之一——双缝实验的最新解释。这或许能让你改变对人生的理解。

物理学家争论了一百年的问题

"双缝"实验（"double-slit" experiment）已经反复进行了几十年，它改变了我们对宇宙的看法，也为生物中心主义提供了支持。最新的解释总结了2002年发表在《物理评论 A》（*Physical Review A*, 65, 033818）上的一个实验，并在75年来反复演示的基础上做了改进。

实际上这一切始于20世纪初。当时，物理学家还在为那个老掉牙的问题争论不休：光到底是由被称为光子的粒子构成的，还是由能量波构成的。艾萨克·牛顿（Isaac Newton）赞成前者。但在19世纪末期，人们认为后者更合理。当时，一些有先见之明的物理学家就正确地认识到，即使是实物也可能具有波的性质。

为了探寻问题的答案，人们拿光或物质粒子进行实验。在经典的双缝实验中，使用的粒子通常是电子，因为电子很小、很基本，无法再被分割成其他东西，并且便于向远处的目标发射。例如传统的电视机的工作原理就是将电子发射到屏幕上。

实验时将光射向探测屏，但光必须先通过一个带有两个狭缝的屏障。实验中，可以使用大量光子组成的一束光，或者每次只发射一个光子，最后的结果是一样的。每个光微粒都有50%的概率通过左边或右边的狭缝。

按照传统逻辑，一段时间过后，这些光子就会在探测屏上形成一种图案：大部分光子落在探测屏的中部，而落在探测屏边缘上的应该较少。因为从光源出发的光，几乎是沿直线路径前进的。根据概率定律，应该在探测屏上看到如图 8-1 所示的图案。

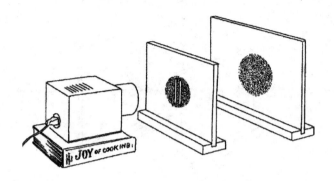

图 8-1　光子在探测屏上形成图案的预测

把这些粒子的着点分布绘制成图（其中击中探测屏的光子的数量是纵坐标，探测屏上的位置是横坐标）。预期的结果应该是更多的粒子集中在探测屏中间，探测屏边缘附近的则比较少，形成的曲线应该是图 8-2 这样的。

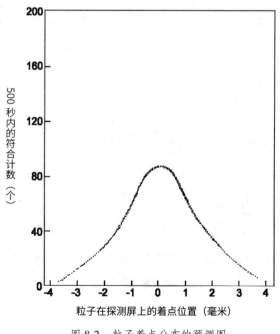

图 8-2　粒子着点分布的预测图

但这并不是实验真正得到的结果。在过去的一个世纪中，这样的实验反复进行了数千次，我们发现这些光点产生的是一种奇怪的图案（图8-3）：

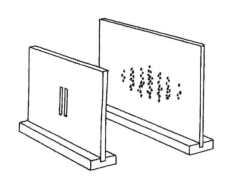

图 8-3　光子在探测屏上产生奇怪的图案

绘制图表，这个图案的着点分布如图 8-4 所示：

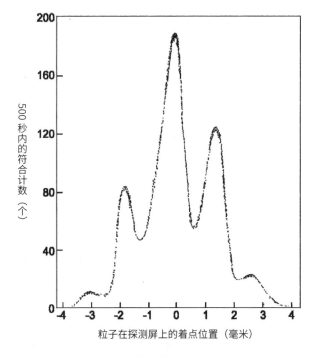

图 8-4　奇怪图案的着点分布图

理论上，主峰周围的那些较小的侧峰应该是对称的。但实际上，我们面对的是概率和单个光微粒，因此结果通常与理想情况有点偏离。不管怎样，这里的最大问题是：为什么图案会是这样的？

这个实验结果证明，我们的确应该期待光是波而不是粒子。波可以相互冲突、相互干涉，产生波纹。就好比同时往池塘里扔两块石头，所产生的两个波在相遇的地方会产生比正常水面高或低的起伏。其中，在波峰和波峰相遇的地方波会相互加强；在波峰和波谷相遇的地方两个波就会相互抵消。

这就是 20 世纪早期的干涉图案。这一结果只能由波引起，这表明光是波，或者至少在实验中是波。更令人惊讶的是，用像电子这样的固体物理实体做实验，得到的结果也完全相同。实物粒子也有波的特性！所以，从一开始，双缝实验就带来了关于现实本质的惊人信息。实物粒子也具有波动性！

这还只是一道开胃菜，真正的奇异之处才刚开始显露。

第一个奇异现象发生在每次只让一个光子或电子通过装置的时候。实验中，等落到探测屏上的光子或电子足够多之后，就会出现相同的干涉图案。但这怎么可能呢？单个电子或光子和谁干涉呢？每次只用一个粒子进行实验，总不会得到干涉图案吧？

第一个光子击中探测屏（图 8-5）。

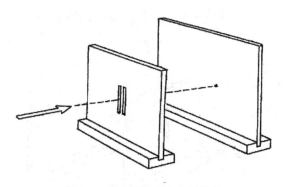

图 8-5　第一个光子击中探测屏

第二个光子击中探测屏（图 8-6）。

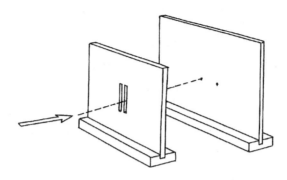

图 8-6　第二个光子击中探测屏

第三个光子击中探测屏（图 8-7）。

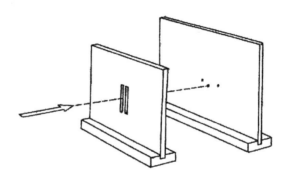

图 8-7　第三个光子击中探测屏

不知为何，这些单个光子加起来就形成了干涉图案（图 8-8）！

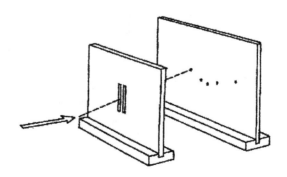

图 8-8　光子在探测屏形成干涉图案

这个问题还从未得到过真正令人满意的答案。疯狂的想法不断涌现：是不是在"隔壁的"平行宇宙中，有另外一个人也在做同样的实验？是不是他们的电子或光子干扰了我们的电子和光子？这也太牵强了，几乎没有人会相信。

对我们能看到干涉图案的一般解释是，光子或电子在遇到双狭缝时有两种选择。被观测到之前，光子或电子并不作为真实的实体存在于真实的地方，直到它们击中探测屏时才会被观测到。所以到达狭缝时，他们拥有两种选择的概率自由。虽然实际的电子或光子都是不可分的，在任何情况下都不可分割，但作为概率波的存在就是另一回事了。因此，"穿过狭缝"的不是实际的实体，而是概率。**单个光子的概率波自身发生了干涉！**当足够多的粒子通过狭缝后，我们就会看到整体的干涉图案，因为所有的概率都凝成了实际击中探测屏的实体，并被观测为波。

观察者能够决定光子的物理行为吗

这个结果很奇怪，但很明显，这就是现实的运作方式。而这只是量子奇异的开始。正如我们在上一章提到的，量子理论有一个叫作互补性的原则，即我们可以观察到物体是一个东西或另一个东西，它们有一个或另一个位置或属性，但我们决不能同时观察到两者。这取决于人们在寻找什么，以及使用什么测量设备。

自然，我们会想到一个问题：某个给定的电子或光子在到达探测屏前，会从哪一个狭缝穿过？其实这很容易解决。可以使用偏振光，即光波水平或垂直振动，或缓慢旋转振动方向，得到的结果和以前一样。现在我们来确定每个光子通过了哪个狭缝，科学家已经尝试过各种不同的办法，但在这个实验中（图 8-9），我们将在每个狭缝前使用"1/4 波片"（quarter wave plate，QWP）。1/4 波片以特定的方式改变光的偏振，可以让我们知道入射光子的偏振状态。所以通过观察光子的偏振，就可以知道光子穿过了哪个狭缝。

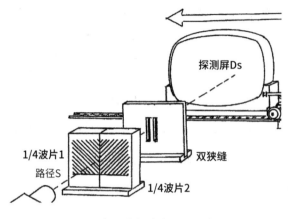

图 8-9　加入偏振波片的双缝实验

现在再来做单个光子的实验，这次我们知道每个光子穿过的是哪个狭缝，实验结果将完全不同，我们得到的不再是干涉图案。虽然 1/4 波片只改变了光子的偏振，并未改变光子，（后面将会证明这种实验结果的变化不是由 1/4 波片引起的）。但现在，曲线突然变成了我们所期望的那样，也就是光子是粒子时应该出现的曲线（图 8-10）。

其中肯定有蹊跷。因为这证明了，正是测量行为本身，就是我们想要了解每个光子路径的初衷，剥夺了光子在到达探测屏之前的那种模糊、不明确地选择两条路径的自由。光子的"波函数"肯定在测量设备 1/4 波片上坍缩了，因为它瞬间"选择"成为一个粒子，穿过其中一条狭缝。每个光子一旦失去其模糊的、随机的、不真实的状态，它作为波的特性就消失了。但是光子为什么选择坍缩其概率波函数呢？它怎么知道观察者可能知道它穿过了哪个狭缝呢？

为了解决这个问题，20 世纪最伟大的科学家们进行了无数次的尝试，但均以失败告终。我们对光子或电子路径的了解，让它们在穿过狭缝之前就已经变成了明确的实体。当然，物理学家也想知道，这种奇怪的行为是否可能是由 1/4 波片探测器或各种其他已尝试的设备与光子之间的某种相互作用引起。但都不是。之前使用过的各种完全不同的路径探测器，都不会以任何方式扰动光子，可我们总是得不到干涉图案。多年后，我们得出的基本结论是，根本不可能在获得路径信息的同时看到干涉图案。

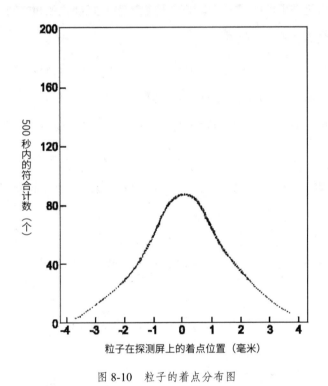

图 8-10　粒子的着点分布图

我们又回到了量子理论的互补性上来：你可以测量和了解一对互补粒子中的任意一个，但永远不能两个都同时了解。如果你完全了解了其中一个特性，就会对另一个一无所知。而且，为了防止你对 1/4 波片产生怀疑，我们可以明确地说：包括双缝实验在内，这些所有使用 1/4 波片的实验中，只要不提供探测屏上最后的偏振检测信息，仅改变光子的偏振不会对干涉图案造成任何影响。

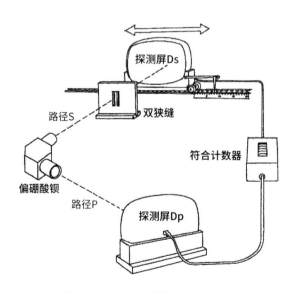

正如上一章提到过的,根据量子理论,自然界中有一些纠缠粒子或光(或物质)微粒同时、同地诞生,因此共享一个波函数。它们可以飞散到相距很远的地方,甚至跨越银河系那么远,但它们仍然保持着彼此相知的状态。如果其中一个受到扰动,失去了"一切皆有可能"的性质,不得不以垂直偏振来立即物质化,那么其孪生粒子就会立即以水平偏振来物质化。如果其中一个变成了自旋向上的电子,其孪生粒子就会变成自旋向下的电子。它们总以一种互补的方式牢固地联系在一起。

现在让我们使用一种装置,把这样的纠缠光子向不同的方向发射。实验人员可以使用一种叫作偏硼酸钡的特殊晶体来制造纠缠光子。

在晶体内部,一个由激光产生的高能紫色光子分裂成两个红色光子,每个光子的能量是原来的一半,即两倍波长,所以没有净能量的增加或损失。将这两个纠缠光子向不同的方向发射,并将它们的路径方向分别命名为 P 和 S(图 8-11)。

图 8-11 加入偏硼酸钡的双缝实验

实验中采用最原始的办法，其间不测量记录任何路径信息，只不过在实验设备中添加了一个"符合计数器"[①]（coincidence counter）。符合计数器的作用是确保我们测量到的是同一对孪生光子。因为当孪生光子中的一个，比如光子 s，在穿过狭缝时，另一个可能还在通往第二个探测器的路上。所以，只有当两个探测器同时记录到撞击时，我们才能确定测量到的是同一对孪生光子。或者说，只有发生撞击的是同一对孪生光子时，设备上才会有记录。这样实验的结果是，在探测屏 Ds 上产生的是我们熟悉的干涉图案（图 8-12）。

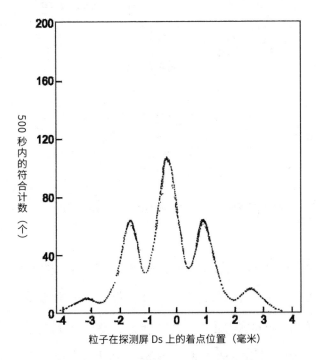

图 8-12　粒子在探测屏 Ds 上的着点分布图

这是合理的。实验中我们并不知道任何特定的光子或电子通过了哪条狭缝，所以这些粒子仍然是概率波。

---

① 符合计数器是用于测量同时发生或短时间内发生的关联事件的仪器。

现在让我们讨论着点不太合理的问题。首先，恢复那些 1/4 波片，这样我们就能获得沿着路径 S 走的光子的路径信息（图 8-13）。

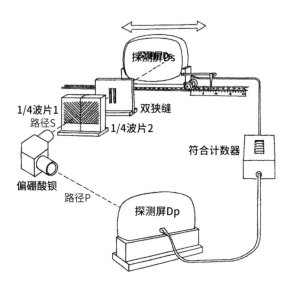

图 8-13 加入偏硼酸钡和偏振拨片的双缝实验

不出所料，干涉图案消失了，取而代之的是粒子图案，即只有一条曲线（图 8-14）。

现在，我们取消对光子 s 路径信息的测量，但保留路径探测器不动。可以这样做：在另一个光子通过的路径 P 的远端放置一个偏振窗口（polarizing window）。该偏振窗口将阻止第二个探测器记录符合的情况，这样的设置将只测量部分光子，并有效地扰乱符合信号。因为符合计数器是传递孪生光子行程完成信息的关键，现在它已经变得完全不可靠了，所以我们无法将光子 s 与其孪生光子进行比较，也无法获知单个光子沿着路径 S 行进时所选择的狭缝。

现在我们清理一下思路：1/4 波片还留在光子 s 的路径上。我们所做的，就是去掉了符合计数器获取路径信息，只是干扰了光子 p 的路径。（回顾

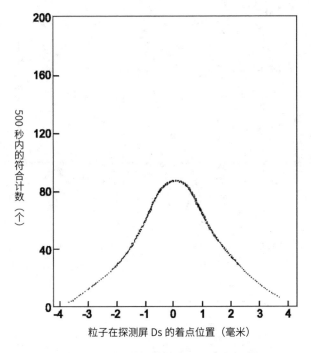

图 8-14　粒子在探测屏 Ds 的着点分布图

一下：这套装置能提供的信息是，只有在探测器 S 处测量到偏振，并且符合计数器告诉我们，孪生光子在探测器 P 处同时记到匹配或不匹配的偏振时，才会记录"击中"。）结果是（图 8-15）：

它们又是波了，干涉图案又回来了。沿路径 S 走的光子或电子击中探测屏上的物理位置发生改变了。从在晶体中产生光子到最终它们落在探测屏，我们并没有对这些光子的路径做任何改变，我们就连 1/4 波片都留在了原处。我们所做的只是对远处的孪生光子进行干扰，从而使我们失去了解信息的能力，这唯一的变化发生在我们的头脑中。可是走路径 S 的光子怎么可能知道我们把另一个偏振器放在了远离它们路径的其他地方呢？并且量子理论表明，即使我们在宇宙的另一端引入一个变量来改变这种信息，也会得到同样的结果。

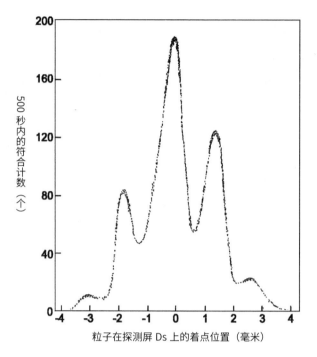

图 8-15　粒子在探测屏 Ds 上的着点分布图

　　值得一提的是，这也证明了并不是那些 1/4 波片导致光子从波变成粒子，并改变了它们在探测屏上的撞击点。即使是 1/4 波片还在原位的情况下，我们得到的也是干涉图案。这似乎就是我们对光子或电子的认知，影响了它们的行为。

　　这很诡异。但这种结果每次都会发生，无一例外。**从这些结果可知，观察者决定了"外部"物体的物理行为。**

量子理论的观察者依赖效应

　　还能更诡异些吗？我们不妨来看看一些更激进的东西——2002 年首次进行的一项实验。到目前为止，这个实验通过干扰路径为 P 的光子来消除路径信息，然后测量其孪生光子 s。也许光子 p 和 s 之间进行了某种形式的通信，让 s 知道了我们将会了解到什么，这种信息传递给 s 下达了指示，让它成为粒子或波，产生或不产生干涉图案。也许当光子 p 遇到偏振器时，它以无限快的速度向光子 s 发送即时信息（instant message，IM），导致光子 s 知道它必须立即变成真实的实体、必须成为一个粒子。因为只有粒子才可以通过一个或另一个狭缝，而不能同时通过两个狭缝。结果就是——无干涉图案。

为了检验是否如此，我们再做一件事。首先，延长光子 p 到探测屏的距离，以便光子 p 需要花更多的时间才能到达那里。这样，走路径 S 的光子将比走路径 P 的光子更早到达它的探测屏。但奇怪的是，结果并没有改变！把 1/4 波片插入路径 S 时，干涉条纹就消失了，而把偏振扰频器插入路径 P，并屏蔽掉能确定走路径 S 的光子路径信息的符合计数测量时，干涉条纹又恢复如初。

但这怎么可能？扰频器起作用前，沿着路径 S 走的光子已经走完了全程。其间它们要么穿过一个或另一个狭缝，要么同时穿过两个狭缝；它们要么坍缩了"波函数"，成为粒子，要么还是波——实验明明已经结束了，走路径 S 的光子动作已经完成了。在孪生光子 p 遇到偏振扰频装置并获知我们的预测信息之前，每个走路径 S 的光子都已经到达了探测屏，并被探测到了。

这个实验中，光子并不知道我们是否会在将来获得路径信息。它们决定在其遥远的孪生光子遇到扰频器之前不坍缩成粒子。而如果我们拿走路径 P 上的扰频器，走路径 S 的光子就会在路径 P 上的光子到达其探测屏并激活符合计数器之前突然恢复为粒子。不知何故，光子 s 知道它走哪条路的标记会被擦除，即使光子 s 和其孪生光子都还没有遇到擦除机制。它知道干涉行为什么时候可以出现，什么时候可以安全地留在模糊的双缝幽灵现实中。因为它显然知道在远处的光子 p 最终会撞击扰频器，并且这最终会阻止我们了解光子 p 的走向。

我们如何设计实验并不重要。**我们的头脑，以及头脑中有无想了解粒子**

的想法，才是决定这些光或物质微粒如何行动的唯一原因。

这也迫使我们对空间和时间产生怀疑。如果孪生光子在信息发生之前就根据信息采取了行动，并在瞬间跨越距离，就好像它们之间没有分开一样，那么这两种情况都有可能是真的吗？

观察结果一次又一次地证实了量子理论的观察者依赖效应（observer-dependent effects）。在过去十年中，美国国家标准与技术研究院的物理学家们进行了一项实验。这项实验相当于证明量子世界中"被盯住的锅不会沸腾"。研究员彼得·考文尼（Peter Coveney）说："看来，观察原子的行为会阻止它发生变化。"

理论上讲，如果对核弹进行足够仔细的观察，也就是说，如果你能每千万万亿分之一秒观察一次核弹的原子，它就不会爆炸。不过这就是另一个实验了，它同样也支持了这个理论：**人类的观测，会影响物理世界的结构，特别是微小的物质和能量结构。**

过去几十年，量子理论学家已经证明，原则上，只要原子被持续观察，它就不能改变能量状态。现在，为了检视这个概念，美国国家标准与技术研究院的激光实验人员，将一组带正电荷的铍离子（我们把它比作水），用磁场（比作水壶）固定在某个位置上。他们用射频场来加热这个水壶，将铍离子从较低的能量状态提升到较高的能量状态。这种能量状态转换通常需要 1/4 秒。

然而，当研究人员用激光发出的短暂光脉冲每 4 毫秒检测一次铍离子时，发现铍离子原子从未达到高能态，尽管始终在持续对它加热。似乎测量的过程给原子"施加了一点压力"，迫使它们回到低能量状态，实际上是将系统重置为零。在经典的日常感知世界中没有类似的现象，显然是观察者的作用使然。

神秘？诡异？很难相信这样的结果是真的。20 世纪初，量子物理学还处于早期的发现阶段，就连一些物理学家也认为这些实验的发现是不可能的，是荒谬的。所以爱因斯坦对这些实验的反应很有意思："我知道这件事没有矛盾，但在我看来，它一定有不合理之处。"

随着量子物理学的进步和客观性的衰落，科学家们开始重新思考那个古老的命题：把世界作为一种思维形式来理解。爱因斯坦在一次从普林斯顿高等研究院走回位于默瑟街的家中的路上，向亚伯拉罕·派斯（Abraham Pais）询问，他是否真的相信只有当他看着月亮时，它才存在。这说明了爱因斯坦对客观外部现实的持续迷恋和怀疑。

自那之后，物理学家们就分析和修改他们的方程式，企图得出自然法则绝不依赖于观察者的结论。事实上，20 世纪最伟大的物理学家之一尤金·维格纳（Eugene Wigner）表示，"不考虑（观察者的）意识，就不可能以一种完全一致的方式表述（物理）定律"。因此，当量子理论暗示意识必须存在时，它就默认了意识内容才是终极现实，只有通过观察才能赋予现实形状和形式，无论太阳、风和雨，还是草地上的蒲公英。

因此，我们增加了生物中心主义的第四个原则：

生物中心主义第一原则：我们所感知的现实是一个涉及我们意识的过程。

生物中心主义第二原则：我们的外部感知和内部感知密不可分。外部感知和内部感知是同一枚硬币的两面，彼此不能分离。

生物中心主义第三原则：所有粒子和物体的行为与观察者的存在密不可分。如果没有有意识的观察者，它们至多只能以概率波的不确定状态存在。

生物中心主义第四原则：没有意识，"物质"处于不确定的概率状态。任何可能先于意识的宇宙都只存在于概率状态中。

生命大设计

创生

BIOCENTRISM

第 9 章

宇宙为何刚好能存在生命

哪里有生命，哪里就有世界。

——拉尔夫·沃尔多·爱默生（Ralph Waldo Emerson）

　　这个世界似乎是为生命而设计的，不仅是在原子的微观尺度上，在宇宙本身的宏观尺度上同样如此。科学家们已经发现，宇宙有大量的特征，从原子到恒星，其范围似乎无所不包，都像是为我们量身定制的。许多人将这一发现称为"金发姑娘原则"①，因为宇宙并不"太这个"或"太那个"，而是"刚刚好"适合生命存在。还有一些人援引了"智能设计"（Intelligent Design）原则，他们相信宇宙如此完美地适合我们并非偶然，而"不是偶然"的说辞就像潘多拉的盒子，放出了《圣经》里各种各样的争论，以及其他与此无关的或更糟的话题。无论名字如何，这一发现都在天体物理学界内外引起了巨大的骚动。

　　目前美国正在进行一场关于这些观察结果的大辩论。相信现在大多数人都注意到了，关于公立学校生物课上智能设计是否可以替代进化论的相关教学试验。支持者声称，达尔文的进化论的确不能完全解释所有生命的起源，

---

① 源自童话《金发姑娘和三只熊》。由于金发姑娘喜欢不冷不热的粥、不软不硬的椅子、不大不小的床等，总之是"刚刚好"的东西，所以后来美国人常用金发姑娘（Goldilocks）来形容"刚刚好"。

达尔文也从没说过能完全解释。支持者们是真心相信宇宙本身就是一种智能力量的产物，大多数人会直接地称之为上帝。而反对者绝大多数是科学家，他们认为自然选择或许还存在一些缺陷，但就所有的意图和目的而言，自然选择是科学事实。他们和其他批评者指责智能设计是对神创论的再包装，是想冠冕堂皇地推动宗教教育，因此违反了美国宪法第一修正案"政教分离"的原则。

如果这场争论能从争论进化论与宗教信仰，转向讨论更富有成效的问题，比如科学是否能够解释为什么宇宙像是为生命而构建的，那就好了。当然，**宇宙似乎是完全平衡的、是为生命而设计的——这是无法逃避的科学观测结论，尽管还无法明确解释。**

目前，这个谜团只有三种解释。第一种解释是"上帝创造的"，这个解释无效，即便它是真的；第二种解释是根据人择原理（Anthropic Principle）进行的推理，其中几个版本强烈支持生物中心主义，我们将对此进行讨论；第三种解释，正是生物中心主义，简明扼要，不假外求。

宇宙常数由"上帝之手"写下

不管采用哪种解释，都必须接受这样一个事实：我们生活在一个非常特殊的宇宙中。

到 20 世纪 60 年代末，人们已经清楚地认识到，如果大爆炸的威力再大一百万分之一，宇宙向外膨胀的速度就会太快，恒星和世界就无法形成。结果就是，我们都将不复存在。更巧合的是，宇宙的四种作用力和所有常数，都是为原子相互作用、原子和元素的存在、行星、液态水和生命而完美设置的。只要调整其中任何一个，我们就不会存在。

这样的常数及其数值如下表所示：

表 9-1　宇宙常数及其数值

名称	符号	值
原子质量单位	m_u	$1.66053873(13) \times 10^{-27}$ kg
阿伏伽德罗常数	N_A	$6.02214199(47) \times 10^{23}$ mol^{-1}
玻尔磁子	μ_B	$9.27400899(37) \times 10^{-24}$ J·T^{-1}
玻尔半径	a_0	$0.5291772083(19) \times 10^{-10}$ m
玻尔兹曼常数	K	$1.3806503(24) \times 10^{-23}$ J·K^{-1}
康普顿波长	λ_c	$2.426310215(18) \times 10^{-12}$ m
氘核质量	m_d	$3.34358309(26) \times 10^{-27}$ kg
真空介电常数	ε_0	$8.854187817 \times 10^{-12}$ F·m^{-1}
电子质量	m_e	$9.10938188(72) \times 10^{-31}$ kg
电子伏特	eV	$1.602176462(63) \times 10^{-19}$ J
元电荷	e	$1.602176462(63) \times 10^{-19}$ C
法拉第常数	F	$9.64853415(39) \times 10^{4}$ C·mol^{-1}
精细结构常数	α	$7.297352533(27) \times 10^{-3}$
哈特里能量	E_h	$4.35974381(34) \times 10^{-18}$ J
氢基态	$(r)=\dfrac{3a_0}{2}$	13.6057 eV
约瑟夫逊常数	K_j	$4.83597898(19) \times 10^{14}$ Hz·V^{-1}
磁常数	μ_0	$4\pi \times 10^{-7}$
摩尔气体常数	R	$8.314472(15)$ J·K^{-1}mol^{-1}
自然作用单位	$\hbar$	$1.054571596(82) \times 10^{-34}$ J·s

名称	符号	值
牛顿引力常数	G	$6.673(10) \times 10^{-11}\,\mathrm{m}^3 \cdot \mathrm{kg}^{-1}\,\mathrm{s}^{-2}$
中子质量	m_n	$1.67492716(13) \times 10^{-27}\,\mathrm{kg}$
核磁子	μ_n	$5.05078317(20) \times 10^{-27}\,\mathrm{J} \cdot \mathrm{T}^{-1}$
普朗克常数	h	$6.62606876(52) \times 10^{-34}\,\mathrm{J} \cdot \mathrm{s}$ $h = 2\pi\hbar$
普朗克长度	l_p	$1.6160(12) \times 10^{-35}\,\mathrm{m}$
普朗克质量	m_p	$2.1767(16) \times 10^{-8}\,\mathrm{kg}$
普朗克时间	t_p	$5.3906(40) \times 10^{-44}\,\mathrm{s}$
质子质量	m_P	$1.67262158(13) \times 10^{-27}\,\mathrm{kg}$
里德伯常量	R_H	$109.73731568549(83) \times 10^{5}\,\mathrm{m}^{-1}$
斯特藩 - 玻尔兹曼常数	σ	$5.670400(40) \times 10^{-8}\,\mathrm{W} \cdot \mathrm{m}^{-2}\,\mathrm{K}^{-4}$
真空中的光速	c	$2.99792458 \times 10^{8}\,\mathrm{m} \cdot \mathrm{s}^{-1}$
汤姆孙散射截面	σe	$0.665245854(15) \times 10^{-28}\,\mathrm{m}^2$
维恩位移定律常数	b	$2.8977686(51) \times 10^{-3}\,\mathrm{m} \cdot \mathrm{K}$

注：表中列出的数值出自国际科技数据委员会（CODATA，1998），由美国国家标准与技术研究院（NIST）推荐。

小数点后的最后两位在括弧号内的值为不确定值。括号外或未列出不确定值的是精确值。

例如：

$m_\mathrm{u} = 1.66053873(13) \times 10^{-27}\,\mathrm{kg}$

$m_\mathrm{u} = 1.66053873 \times 10^{-27}\,\mathrm{kg}$

m_u中的不确定度 $= 0.00000013 \times 10^{-27}\,\mathrm{kg}$

这些对生命至关重要的物理常数值都内建于宇宙之中，就像编织在纸币中的棉麻纤维一样。牛顿引力常数可能是最为人们所知的，但精细结构常数对生命也同样重要。

精细结构常数称为"α"，如果 α 的值是它当前的 1.1 倍或以上，恒星中就不会发生聚变反应。精细结构常数备受关注，因为大爆炸产生了近乎纯净的氢和氦，此外几乎别无他物。生命需要氧和碳（水本身就需要氧），氧可以在恒星的核心中产生，是核聚变的最终产物。

碳则是另一回事。我们体内的碳到底是怎么来的呢？答案在半个世纪前就被找到了：

碳和那些比氢和氦更重的元素，都是在像太阳这样的恒星中心中产生出来的。大质量的恒星最终爆发成为超新星时，这些物质被释放到环境中，与星际中氢气星云聚集在一起，变成构成下一代恒星和行星的物质。下一代恒星形成时，会含有更高比例的、来自上一代恒星爆发产生的重元素或金属。

这个过程不断重复发生。对我们来说，太阳是第三代恒星，其周围的行星，包括构成地球上生命有机体的所有物质，都是由这种丰富的、复杂的第三代物质构成的。

核聚变反应使太阳和恒星发光，这是核聚变过程中的一个奇特巧合，而对碳来说，这种巧合就是它存在的关键。说起来，当两个速度极快的原子核或质子发生碰撞并融合时，最普遍的核反应就发生了。这种反应合成了较重的元素，通常是氦。在恒星的老龄阶段，也可以合成更重的原子。因为从氦到碳的所有中间步骤，都涉及高度不稳定的原子核，所以碳应该不是在这个过程中被制造出来的。

产生碳的唯一途径是三个氦原子核同时发生碰撞。但即使是在狂暴的恒星内部，三个氦原子核在一百万分之一秒，即 1 微秒内同时碰撞的可能性也微乎其微。

弗雷德·霍伊尔（Fred Hoyle），原本是一个稳恒态理论（steady state theory）的忠实捍卫者，但这个不可一世的理论到 20 世纪 60 年代已经可悲地消亡了，正是霍伊尔正确地指出，恒星内部一定存在着某种异乎寻常、令人震惊的东西，这种东西可以大大增加三个氦原子碰撞的罕见可能性，从而为宇宙里的每种生物都提供丰富的碳元素。

促成这种结果的关键是一种"共振"效应，在这种效应下，不同的力可以结合在一起，产生意想不到的结果，就像 60 多年前的大风与塔科马海峡吊桥的结构发生共振，导致大桥剧烈摇晃并坍塌一样。碳在特定的能量下处于共振状态，就会让恒星产生更多的碳。而碳的共振又直接受到强相互作用力的大小的影响，也正是这种强相互作用力将小到原子核、大到时空中遥远星系群的物质聚合到一起。

这种强相互作用力仍然神秘，但它对我们所知的宇宙至关重要，它的影响只在原子范围内。因为强相互作用力的强度衰减得非常快，到达原子边缘就几乎消失殆尽了。这就是像铀这样的巨型原子很不稳定的原因。其原子核中最外层的质子和中子位于原子团的边缘，强作用力在这里很微弱地维系着，所以偶尔会有个别质子或中子克服强相互作用力的"铁腕"而逃脱，使原子发生了改变。

如果强相互作用力和引力都被如此惊人地"设计"过，我们就不得不关注电磁力了，因为它支配着所有原子中的电和磁。理查德·费曼在他的《光和物质的奇异性》(*The Strange Theory of Light and Matter*，1985) 中谈到这个问题时说：

　　自 50 多年前被发现以来，电磁力就一直是个谜，所有优秀的理论物理学家都把这个数字贴在墙上，并为之感到不安。你马上就会想知道用于耦合的数字的来源：是与 π 有关，还是与自然对数的底数有关？没有人知道。这是物理学中最大的谜团之一：一个神奇的数字，在人类无法理解的情况下出现在我们面前。你可能会说是"上帝之手"写下了这个数字，而"我们不知道他是怎么写出来的"。我们知道怎么样做实验能精确地测量这个数字，但我们不知道要在电脑上做什么才能让这个数字自己出来，而不是我们偷偷地输入它！

　　填好单位后，这个数等于 1/137，代表着电磁力常数。电磁力是四种基本力之一，有助于原子的存在，并允许整个可见宇宙的存在。其数值如果发生任何微小的变化，我们都将不复存在。

欲使宇宙存在，观察者是必需的

　　这些不争的事实强烈地影响着现代宇宙学思想。毕竟，宇宙学家的理论难道不能合理地解释为什么我们生活在这样一个极不可能的现实中吗？

　　"根本不能。"普林斯顿大学的物理学家罗伯特·迪克（Robert Dicke）在 20 世纪 60 年代撰写的论文中这样说。布兰登·卡特（Brandon Carter）于 1974 年对此进行了详细阐述。这种观点被称为"人择原理"（the Anthropic Principle）。卡特解释说，我们所能得到的观察"必然受到我们作为观察者在场这一必要条件的限制"。换句话说，如果引力稍微强一点，或者大爆炸稍微弱一点，那么宇宙的寿命就会大大缩短，我们就不会在这里思考这个问题了。因为我们存在于此处，所以宇宙就一定会是现在这个样子，这倒也不是不能解释我们为何生活在这样的现实中。似乎此案已结。

但照此推理，就没有必要感恩宇宙了。看似偶然的、可疑的特定地点、温度范围、化学和物理环境，都是产生生命恰好需要的。既然我们在这里，那么周围就一定有这些东西。

这种推理现在被称为弱人择原理（"weak" version of the Anthropic Principle，WAP）。强人择原理更试探哲学的边界，但明确支持生物中心主义，它认为宇宙必须具有允许生命在其中发展的属性，因为它显然是为了产生和维持观察者而"设计"的。但如果没有生物中心论，强人择原理就无法解释为什么宇宙必须具有维持生命的特性。

更有甚者，发明了"黑洞"一词的已故物理学家约翰·惠勒提倡，欲使宇宙存在，观察者是必须的。现在这个观点被称为参与性人择原理（Participatory Anthropic Principle，PAP）。

惠勒的理论认为，生命出现之前的地球（pre-life Earth）会以不确定的状态存在，就像薛定谔的猫一样。一旦有观察者存在，被观察的宇宙的各个方面就会被迫坍缩成一种状态，这种状态包括了看似生命出现前的地球。这意味着，生命出现前的宇宙只能在意识形成后追溯存在。因为时间是一种意识幻觉，我们很快就会看到，整个关于时间有前和后的说法并不完全正确，它是提供了一种方式，使事物视觉化。

如果在观察者出现之前，宇宙处于一种不确定的状态，而这种非确定状态又包含了各种基本常数的确定，那么在观察者出现之后，宇宙坍缩时必然以允许观察者存在的方式衰减，所以常数也必会以允许生命存在的方式出现。因此，生物中心主义支持并建立在约翰·惠勒关于量子理论走向的结论的基础上，并为解决人类问题提供了独特且比任何替代方案更合理的解决方案。

毋庸置疑，人择原理的后两个版本有力地支持生物中心论，天文学界，许多人似乎接受了弱人择原理，至少是谨慎地接受了。加州大学的天文学家阿列克谢·菲利潘科（Alex Filippenko）说："我喜欢弱人择原理，使用得当的话，会有一定的预测价值。"他还补充说，"对宇宙那些看似令人厌烦的特性做点小改动，可能就容易创造出一个不让人感到厌烦的宇宙了。"

唉，但重点是宇宙不能改变，也不可能改变。

不过，为了诚实地陈述所有的观点，还是应该指出，一些批评家怀疑弱人择原理仅仅是一种循环推理，或者是一种解释物理宇宙极大特殊性的简单方法。哲学家约翰·莱斯利（John Leslie）在其 1989 年出版的《宇宙》（*Universes*）一书中写道：

> 一个人站在由一百名步枪手组成的行刑队面前，如果没有哪怕一发子弹打中他，那么他会非常惊讶。他可以肯定地对自己说："他们都没有打中；这就对了，否则我不会在这里问他们为什么都没有打中。"但任何头脑正常的人都会想知道这种不太可能发生的事到底是怎么发生的。

而生物中心主义就能解释为什么所有的射击都没有打中。如果宇宙是由生命创造的，那么不允许生命存在的宇宙就不可能存在。这非常符合量子理论和约翰·惠勒提出的参与性宇宙（participatory universe），即观察者需要将宇宙也纳入到现实存在中。因为，如果真的曾经有这样一个时期，宇宙在观察者出现之前处于一种不确定的概率状态，且这种状态大概率也不允许生命存在，那观察者出现之后，宇宙坍缩成一种真实状态时，就必然坍缩成一种允许观察它坍缩的状态。

随着生物中心主义的出现，宇宙的那种什么都"刚刚好"的神秘感消失了，生命和意识在塑造宇宙中的关键作用逐渐变得清晰起来。

———— 约翰·惠勒 ————

在观察到之前，什么都不存在。

以意识为基础的宇宙并不牵强

面对这个无可争辩的事实，要么相信这是惊人的不太可能的巧合：宇宙可以有任何属性，但恰好有适合生命的属性；要么就必须正视宇宙的确是以生物为中心的。不管怎样，一个随机的，像台球一样四处撞击的宇宙，本来可以拥有任何数值范围的任何力，却奇怪地呈现出生命所需的那种特定模样，真令人感到荒唐至极。

那不妨来考虑一下另一种情况，就是当代科学要我们相信的：**这个为我们的存在精心定制的整个宇宙，是从绝对的虚无中突然出现的。**头脑正常的人会接受这种事情吗？谁能说清楚大约在 140 亿年前，我们到底是如何突然凭空获得了比一万万万亿吨还多一百万亿倍的物质的？谁能解释一下，无生命的碳、氢、氧分子怎么就结合起来，变成了感觉、知觉？我们还能利用这些能力去品尝热狗的味道、去欣赏布鲁斯音乐！什么样的自然随机过程，才能将这些分子混合在一起持续搅动几十亿年，然后生出啄木鸟和乔治·克鲁尼①呢？有人能想象出宇宙的边缘在哪儿吗？是无边无际吗？谁能想象出粒子是如何从虚无中产生的？或者再设想一些所谓的额外维度，这些维度无处不在，让宇宙从根本上由交织的弦和环组成？或者解释一下，普通的元素怎么重新排列它自身，来获得自我意识并讨厌通心粉沙拉的？又或者，几十种力和常数都是怎么为生命的存在做精确的微调的？

科学只是自诩在它的基本层面上解释宇宙，这难道不是很明显吗？

科学在研究事物的过程和机制，以及利用材料制造非凡的新设备等方面取得了巨大成功，这些成功，让我们慢慢无视了科学对整体的宇宙性质做出的明显荒谬的"解释"。如果科学没能给我们提供高清电视、乔治·福尔曼

---

① George Clooney，美国演员、导演、制片人、编剧，主演了《急诊室的故事》等影视剧，由其担任制片的电影《逃离德黑兰》获得第 85 届奥斯卡金像奖最佳影片。

（George Foreman）炙烤炉①之类的东西，它就不会长时间吸引我们的注意、得到我们的尊重，当涉及这些最重大的问题时，我们就不会将赌注压在它上面。

除非人们只愿为熟悉和重复买单，否则与其他选项相比，以意识为基础的宇宙并不显得牵强。

现在我们增加另外一个原则：

生物中心主义第一原则：我们所感知的现实是一个涉及我们意识的过程。

生物中心主义第二原则：我们的外部感知和内部感知密不可分。外部感知和内部感知是同一枚硬币的两面，彼此不能分离。

生物中心主义第三原则：所有粒子和物体的行为与观察者的存在密不可分。如果没有有意识的观察者，它们至多只能以概率波的不确定状态存在。

生物中心主义第四原则：没有意识，"物质"处于不确定的概率状态。任何可能先于意识的宇宙都只存在于概率状态中。

生物中心主义第五原则：宇宙的精密安排只能通过生物中心主义来解释，宇宙是为生命做微调的。因为是生命创造了宇宙，而不是宇宙创造了生命。宇宙只不过是一个完整的自我时空逻辑。

---

① 又称拳王炙烤炉，是由世界重量级拳击冠军乔治·福尔曼和国际功夫电影巨星成龙共同代言的一款具有健康品质的产品，推崇健康饮食，简单生活的理念。

| 第10章 | 困扰物理学家的"时间之箭" |

真实的东西是静止的。飞行的箭在一定的时间内会经过许多点，在每个点上必然要停留，因此是静止的。

——芝诺（Zeno of Elea），古希腊数学家、哲学家

量子理论对我们所知的"时间"提出了越来越多的质疑，"时间"是一个古老、奇异的科学话题，现在我们也要开始探讨它。"时间"乍看起来无关紧要，但在关于宇宙本质的任何基本研究中，时间的有或无都是一个重要因素。

永恒的现在：过去和未来或许并不存在

根据生物中心主义，我们感觉时间向前运动，其实是我们未经思考地参与世界上无数活动的结果，而这些活动和结果似乎也只会沿着平滑、连续的路径向前发展。

我们每时每刻都处在被称为"箭"（The Arrow）的悖论之中。2 500 年前，埃利亚的哲学家芝诺首次提出了这个悖论。他以任何东西都不可以同时出现在两个地方为逻辑前提，然后推理出，箭在飞行的任何给定时刻，都只会出现在一个位置上；但如果箭只在一个位置上，它就必须暂时处于静止状态。那么，箭在其运动轨迹的每一时刻都必须存在于某个地方，在某个特定的

位置。由此推理出，运动本身并不是真正发生的事情，而是一系列独立的事件。这可能是时间向前运动第一个表征，箭的运动就是时间向前的体现，即这不是外部世界的特征，而是我们内部某事物的投影，因为我们会把自己观察到的事物联系在一起（如图 10-1）。根据这种推理，**时间不是绝对的现实，而是我们思维的一个特征。**

每一个时刻，我们都处在被称作"飞矢不动"的悖论所描述的状态中。这一悖论是芝诺于2 500年前首先提出来的。

因为没有什么东西可以在同一时刻出现于两个地方，所以，芝诺认为，飞行中的箭在任一时刻都只会出现在一个位置上。

但是，如果箭只出现在一个位置上，那么那一时刻它一定是不动的。在箭的运动轨迹中的每一个时刻，箭一定会停止在某个特定的位置上。

从逻辑上讲，运动在本质上并不是正在发生的事情，而是一系列分开来的事件。

时间的向前运动并不是外部世界的一个特征，而是事物在我们意识中的一种投射，是我们把观察到的事物联系了起来。箭的运动就是一个很好的例子。

这个论证表明，时间不是绝对的现实，而是我们思维的特征。

图 10-1 飞行的箭

事实上，时间的实在性一直饱受哲学家和物理学家的质疑。哲学家认为，过去只作为想法存在于头脑中，而想法本身严格来讲只是发生在当下的神经电事件。

哲学家坚持认为，未来同样不过是一种心理构念、一种预期、一组想法。因为思考本身严格发生在"现在"，那时间在哪儿？除了作为人类的概念，比如说为了方便构建公式，或描述运动和事件，时间本身真的存在吗？

这样一来，仅凭简单的逻辑就能质疑在"永恒的现在"（eternal now）之外是否存在其他东西，这个"永恒的现在"就包括人类的思考和白日梦。

物理学家们发现，从牛顿定律到爱因斯坦引力场方程，再到量子力学，所有研究现实的工作模型都不需要时间。它们都是时间对称的。时间是构造函数的概念——除非我们谈论的是变化，比如加速度。但就像我们将看到的那样，变化 [通常用希腊符号 Δ（德尔塔）表示] 与时间并不相同。

时间常被称为"第四维度"，这会让人感到困惑，因为日常生活中的时间与三个空间维度毫无相似之处。为此，我们来回顾一下基本几何。

直线：是一维的，弦理论中的直线除外。因为弦理论认为，能量线 / 粒子线非常细，是被拉长的点，并不完全构成一个实际的坐标。它们的厚度与原子核相比可以忽略不计，就相当于一个质子与一座大城市相比。

平面：例如平整墙面上的投影，具有长和宽两个维度。

立体：如球体或正方体都有三个维度。

一个实际的球体或正方体有时被认为需要四维，因为这些立方体会持续存在。持续存在，甚至可能发生变化，意味着空间坐标之外的某种"别的"东西也是立方体存在的一部分，我们称之为时间。但时间究竟是想法还是现实?

就科学而言，时间似乎只在一个领域不可或缺，那就是热力学。如果不考虑时间的流逝，热力学第二定律就根本没有意义。热力学第二定律描述的是熵（entropy，结构从有序到无序发展的程度，就像你的衣橱总会越来越乱一样）。没有时间，熵不可能发生，甚至都没有意义。

例如，一个装有苏打水和冰块的杯子。开始时，杯子里存在明显的结构：冰块和液体是可区分的、冰块和气泡也是分开的，冰块和液体温度不同。但过一会儿再来看，冰块已经融化了，水面已经变平，杯子里的东西已经融合成没有结构差别的整体。除非蒸发，否则不会发生进一步的变化。

事物从这种有结构、很活跃的状态向相同、随机和不活跃（惰性）的演变就是熵增。这个过程遍及整个宇宙。几乎所有物理学家都认为，长远来看，熵将在宇宙学中占主导地位。今天，我们看到像太阳这样的单一热点向其寒冷的周围释放热量和亚原子粒子，现存的结构正在慢慢瓦解。而熵，即这种全面的结构的丧失，是最大尺度的单向过程。

在经典科学中，若没有时间的方向性，熵就没有意义，因为这是一个不可逆的机制。事实上，熵定义了"时间之箭"。没有熵，时间根本无须存在。

但许多物理学家质疑这种关于熵的"保守智慧"。与其说结构损失和趋向混乱的行为代表了时间的具体方向性，不如说熵可以被看作是物质随机运动的证明。物体在运动，分子在运动，就在此时此刻，它们正在这样做——它们的运动是随意的。过不了多久，观察者就会注意到之前的结构消失了。那为什么要给那些过程配上箭头呢？我们就不能将这种随机的熵，视为时间的非本质性或现实性的一个例子吗？

假设有两个房间，中间有一扇门可以连通，其中一个房间充满氧气，另一个充满纯氮气。现在我们将门打开，一周后再来。到那时我们就会发现，两个房间都充满了混合均匀的气体。我们该如何将所发生的事情概念化呢？

"熵"派认为，"随着时间的推移"，原来整齐有序的组织结构消失了，现在只剩下单纯的随机化，这是不可逆的。熵证明了时间的单向性。

但另一种观点认为，分子只是运动了，而运动并不是时间，自然的结果就是混合，很简单。其他任何东西不过是人类对我们所认为的秩序的强加。

这样看来，由此产生的熵或结构的丧失，只是我们的头脑在感知模式和秩序方面的丧失。"嗖"的一声，科学对时间作为实体的最后需求就这样消失了。

从未来穿越而来的人现在在哪里

时间的真实与否，无疑就此成为一个争论不休的古老话题。真实答案可能更复杂、更令人兴奋，因为外在现实可能有很多层面，这些现实就像我们对时间的纯粹主观感觉一样，似乎可以在某些层面上起作用，例如生物的生命，但在另一些层面上却不存在或无关紧要，如微小的量子领域。但只要思考下去，关乎时间的根本问题就会出现。

有趣的是，在过去的二三十年里，研究时间问题的物理学家已经意识到，就像所有物体都必须有形状一样，如果时间存在，它也需要有流动的方向。这就产生了可以改变其进程的"时间之箭"问题。就连霍金也曾相信，如果宇宙开始收缩，时间就会倒流。但他后来在证明的过程中好像又改变了想法。尽管时间倒流最终不会发生，但无论如何，它已不像最初看起来那样荒谬。

我们对时间倒流持反对意见，因为我们认为这意味着结果会先于原因，这是没有道理的。比如一场严重的车祸就会是一件令人毛骨悚然的事情：受伤的人会立即痊愈，完好无损，而失事的车辆也会一边倒回去，一边恢复原本的形状，撞坏的地方最后完好如初。这不仅荒谬，而且不能达成任何目标。反而在这种情况下，人们更容易在开车时随意使用手机。

通常对这一反对意见的回答是，如果时间倒流，包括我们自己心智过程在内的一切都将朝同样的新方向运行，所以我们永远不会注意到有什么不妥。

但是，无论人们如何看待时间的本质，这种无穷无尽、难以解答的荒谬事情似乎都导向了一个圆满的结果——它是一种以生物为中心的虚构、一种生物创造物，它仅仅是一些生命体的心理回路中的一种实际操作辅助，以帮助特定功能活动的展开。

为了理解这一点，假设你正在看一部射箭比赛的电影，脑子里想着芝诺的箭悖论。弓箭手在射箭，一松手，箭飞了出去。摄像机跟踪飞箭从弓飞向靶子的轨迹。突然，画面停在了一帧静止的箭上。你盯着飞行中的箭的图像，这在真正比赛的现场显然是做不到的。电影中的停顿能让你非常准确地知道箭的位置，它就在主看台外，离地面20英尺（约6.1米）高的地方。但是你失去了关于其动量（momentum）的所有信息。箭无处可去，速度为0。其路径、轨迹，已经不为人知了，都不确定了。

想要精确测量任何给定时刻的位置，就要锁定一个静态帧。也就是说，让电影"暂停"。相反，只要观察到动量，就不能孤立一帧，因为动量是许多帧的总和。不可能同时准确地知晓两者的情况。一个参数测量精确度的增加，会导致另一个参数测量精确度的降低。明确地讲，无论是运动还是位置都存在不确定性。

起初，人们认为量子理论实践中的这种不确定性是由于实验人员或仪器在技术上的一些不足，以及方法论上的一些不成熟引起的。但他们很快就发现，这种不确定性实际上是建立在现实结构中的，而我们只看到我们正在寻找的东西。

而从生物中心的角度来看，所有这些都会产生完美的感觉：**时间是动物感觉的内在形式，这种感觉使空间世界静止状态的事件动起来。**头脑就像放映机的马达和齿轮，把静止的世界制成了动画片。每一个人都将一系列静止的图像，即一系列的空间状态，编织成一种秩序，编织进生命的"当下"。运动是通过在头脑中放映"帧"来创造的。

要知道，你所感知到的所有事物，甚至包括现在正在阅读的这一页，都在你的头脑中积极地、反复地被重建，你身上现在就在发生这样的事。虽然眼睛不能透过颅壁看到这些，但包括视觉在内的所有体验，都是大脑中一串有组织的信息。如果头脑能暂停其"马达"，你就会得到一幅定格图像，就像电影放映机将箭隔离在没有动量的位置上一样。

事实上，时间可以定义为空间状态的内在总和。用我们的科学仪器测量的同样的东西，就叫做动量。空间可以被定义为位置，锁定在单个帧中。因此，**"通过空间的运动"就是矛盾的说法。**

海森堡测不准原理[①]（Heisenberg's uncertainty principle）根植于此：位置（空间处所）属于外部世界，动量（包括将静态的"帧"加在一起的时间构件）属于内部世界。通过深入触探物质的根本，科学家们已经简化出了宇宙最基本的逻辑，时间绝不是外部空间世界的特征。"今天，"海森堡说，"当代科学比以往任何时候都更受自然本身的驱使，重新提出了那个古老的问题，即通过精神过程来理解现实的可能性，并以略有不同的方式来回答这个问题。"

用闪光灯打个比方可能会有所帮助。快速闪烁的光截下了快速运动的物体，如迪斯科舞厅里的跳舞者。下蹲、劈腿、打响指，每一次闪烁，都让它们变成静止的姿势。静止的舞姿，一张接一张（如图 10-2）。在量子力学中，"位置"就像一张频闪快照。动量则是生命创造的许多"帧"的总和。

图 10-2　定格的舞者动作

---

① 海森堡测不准原理是量子力学的一个基本原理。德国物理学家海森堡于 1927 年发表论文，给出该原理的原本启发式论述，因此这原理又称为"海森堡不确定性原理"。在量子力学里，不确定性原理表明类似的不确定性关系式也存在于能量和时间、角动量和角度、位置和动量等物理量之间。

空间单元停滞，单元或帧之间就没有"东西"。这些帧在脑海中交织在一起。旧金山的摄影师埃德沃德·迈布里奇（Eadweard Muybridge）可能是第一个无意识地模仿这一过程的人。就在电影出现之前，迈布里奇成功地用胶片捕捉到了动作。19世纪70年代末，他在一个赛马场的一条赛道上放置了24台固定的照相机。一匹马疾驰而过时，依次撞断连接相机的细绳，相继触发了照相机的快门。马的步态就被一帧接一帧地分解成一系列画面。所以这也表明，运动的幻觉是静止帧的总和。

2 500年后，芝诺的箭悖论终于说得通了。芝诺坚决捍卫的埃利亚哲学学派（Eleatic School of philosophy）是正确的。海森堡也曾说："一条路径只有在你观察时才会出现。"没有生命，就没有时间，也没有运动。现实并不"存在"，也没有明确的属性等着被发现，现实实际上是根据观察者的观察活动而产生的。

那些假设时间是一种实际存在状态的人，会从逻辑上认为时间旅行也应该有效，甚至有些人滥用量子理论来论证这个问题。很少有理论学家把诸如时间旅行或者其他可能与我们平行存在的时间维度当回事儿。除了违反已知的物理定律，还有一个小细节：如果时间旅行是可能的，人们可以穿越到过去，那么他们在哪儿呢？我们从未听说过有来历不明的人讲述来自未来的故事。

而且人们对时间流逝速度的感知也不尽相同，在现实中，时间也确实发生了变化。我们将望远镜朝向那些时间演化更滞缓的地方，也可以观察到仿佛数十亿年前就存在的地方。时间的构成犹如香肠，奇怪又让人难以捉摸。

时间膨胀："天上一天，地上一年"

让我们用一个简单的设想实验来阐明时间的流逝。假设你正坐火箭从地球上发射升入空，你用望远镜从后窗望出去，观察着发射台附近为成功升空而鼓掌的人们。每一刻你都离他们更远，他们的形象都要经过更长的距离才能到达你的眼睛，你眼睛看到的图像也逐渐延迟，大大晚于现实这部"电影"正在播放的那一帧。

结果是，一切都以慢镜头呈现，他们的掌声显得不那么热烈，令人沮丧。任何从我们身边疾驰而去的东西都以慢动作呈现。宇宙中几乎所有的东西都在后退，我们用一种强制延时摄影的梦幻般的方式凝视着天空；几乎所有宇宙事件的展现都发生在虚假的"时间帧"内。

两个多世纪前，一个名叫奥勒·罗默（Ole Roemer）的挪威人就是这样发现光速的。罗默注意到，木星的卫星在半年的时间里不断减速。然后他意识到地球在绕太阳的轨道上离那些卫星越来越远。他据此计算出光速的数值，误差不超过 25%。接下来的 6 个月里，这些卫星的速度似乎又加快了，就像外星世界的居民在向前加速快进一样，在越来越接近地球的宇航员看来，就像是查理·卓别林（Charlie Chaplin）行走的样子。

叠加在这些幻象上的不可避免的失真，就是实际时间在高速或更强的引力场中的变慢。这不是仅用简单的借口就能搪塞过去的事情，就像出轨的配偶回家晚了那样，总会留下一些线索。

通常情况下，这种时间膨胀效应直到接近光速之后才会变得显著。在接近光速的 98% 时，时间以其正常速度的一半运行；在接近光速的 99% 时，时间的运行速度只有正常情况下的 1/7。这是真的，不是假设的。例如，大气层中的空气分子受到宇宙射线的轰击时，就会被打碎，产生的一些碎片以接近光速的速度射向地球。其中一些亚原子粒子可以穿透我们的身体，破坏遗传物质，甚至导致我们罹患疾病。

不过它们还不至于来到地球表面并对我们造成伤害，因为它们的寿命太短了。这些 μ 介子通常在产生后的不到一百万分之一秒内就会衰变成无害的粒子。而 μ 介子能成功到达我们这里，是因为它们速度太快了，导致时间减慢了；一个幻想世界中的虚假时间的延伸倒允许了 μ 介子进入我们的身体。所以相对论效应绝非假设，它们经常带来死亡和疾病。

乘坐火箭以 99% 的光速飞行，你会享受到随之而来的 7 倍时间膨胀：从你的角度看，什么都没有改变，10 年的旅行让你很自然地老了 10 岁，但回到地球时，你会发现已经过去了 70 年，你的老朋友们都不在人世了。有一个著名的公式，可以让你计算出任何速度下时间变慢的情况，请参见附录一中的洛伦兹变换。

所以，切中要害的正是事实而不是理论：你和你的宇航员同伴在太空中的确度过了 10 年；而与此同时，地球上的人却度过了 70 年。抽象的论证失败了。毕竟，"天上一天，地上一年"。

你可能会愤愤不平，觉得时间不应该有优先状态，毕竟它没有权力决定一个人老去的速度，而且宇宙中并不存在优越的位置，能让你在地球循环往复运转的时候还保持静止状态。再说,地球上的居民为什么不能老得更慢呢? 物理学给出了答案。

如果你是那个活得更久的人，你就得给出答案。而答案就是——是你感受到了旅行中的加速力和减速力。所以你不能否认，是你在航行，而不是地球在航行。任何悖论都被扼杀在了萌芽状态；去旅行的人也知道，谁应该体验到时间的变慢。

爱因斯坦告诉我们，时间不仅会发生变化，通过改变流逝速率（rate of passage）来表现独特习性，而且距离也会缩短，这又是一种完全出乎意料的现象。如果有人以 99.999999999% 的光速向银河系中心冲去，他就会体验到 22 360 倍的时间膨胀效应。这个人的手表走过一年的时候，其他人的手表已经走过了 223 个世纪。往返旅程只花费了他两年的时间,但与此同时,地球上已流逝掉了漫长的 520 个世纪。从这位旅行者的角度来看，时间的流逝并没有什么不同，但到星系中心的距离变成了一光年。如果能以光速旅行，人们会发现自己可以瞬间游遍整个宇宙。假如光子有知觉，这必定就是它的感受。

所有这些效应都涉及相对性，即将你对时间的感知和测量与其他人的进行比较。这一切都意味着，至少时间不是永恒不变的，并且任何像这样随环境变化而变化的事物，都不可能像光速、意识以及引力常数那样，成为宇宙现实性的基础。

时间是一支永不回头的箭

将时间从真实的现实降格为纯粹的主观体验、虚构，甚至是约定俗成，是生物中心主义的核心。时间除了作为日常生活中的辅助工具和便于人们达成共识之外，始终是非现实的。这又是一个让人进一步质疑"外部宇宙"观念的有力证据。

即使作为某种便利、某种生物机制，人们也可以退一步问，这个被割裂、被深思的充满争议的"时间"到底是什么。爱因斯坦用时空的概念证明，不管参考系如何变化，也不管速度或重力是否引起了空间和时间的扭曲，物体的运动始终能产生意义。他就此发现，虽然在任何情况下，光在真空中的速度都是恒定的，但像距离、长度和时间这样的东西却并不是永恒不变的。

在努力从社会学和科学的角度构建事物的过程中，人类总是将事件置于时间和空间的连续统①（continuum）中。比如，宇宙诞生于大约 137 亿年前，地球存在了差不多 46 亿年。在地球上，几百万年前直立人已经出现，但花

---

① 连续统是一个数学概念。连续统指连续不断的数集，原意是为了强调实数的连续性而给实数系的另一名称，现在的含义更广泛了，由于实数与直线上的点一一对应，直觉上直线是连续而不断开点，因此，把实数系称作连续统，由于区间内的点也有类似性质，故把区间也称作连续统、三维连续统等称呼，例如，平面是二维连续统，空间是三维连续统。

了几十万年它们才发明农业。400 年前，伽利略支持哥白尼关于地球围绕太阳旋转的主张。19 世纪中期，达尔文在加拉帕戈斯群岛发现了进化的秘密。1905 年，爱因斯坦在瑞士一家专利局里创立了狭义相对论。

所以说，在牛顿、爱因斯坦和达尔文所描述的机械的宇宙中，时间是记录事件的账本。因为人类和其他动物都是天生的唯物主义者，根深蒂固地被设计成按线性思维思考。我们认为时间是一个向前移动的连续统，总是流向未来，不断延伸。我们按时赴约，按时给植物浇水，日复一日，形成守时的习惯。正如我的朋友芭芭拉，和她丈夫吉恩（Gene）曾共用过一张沙发，年轻时，他们坐在沙发上读书、看电视、拥抱，现在这张沙发就摆在客厅里，和多年来收集的小摆设放在一起。

与其说时间不是绝对的现实，不如想象时间的存在就像录音。听老式留声机并不会改变唱片本身，要想听到一段特定的音乐，我们就要把唱针放在唱片的某个明确位置上。这就是我们所说的"现在"。我们现在听到的曲子，它的之前和之后，就是我们所说的过去和未来。这样来想，自然界中永恒的每一刻、每一天，就相当于录音，它们不会消失，所有的现在，即黑胶唱片上的所有歌曲，都是同时存在的，我们只能一段一段地体验这个世界，就像一圈一圈地听唱片。我们不能体验《星尘》（Stardust）电影里流逝的时间，因为我们对时间的体验是线性的。

如果芭芭拉能播放所有的生活，比如播放任意一整张黑胶唱片，就可以不按顺序地感受生活。她可以随意了解我：把时间唱针指向蹒跚学步的我、十几岁孩子的我、2006 年 50 岁的我、老年人的我——所有的我。

最终，连爱因斯坦也承认"现在贝索（Besso，他最老的朋友之一）比我早一点离开了这个奇怪的世界。这毫无意义。像我们这样的人……知道过去、现在和未来之间的区别只是顽固存在的幻觉"。

时间是一支永不回头的箭，只是人类的一种构建，我们生活在所有时间

的边缘也是一种幻觉。那个不可逆的，与星系、太阳和地球有关的流动的事件连续统，则是一个更大的幻觉。空间和时间是动物用来理解"时期"的形式。我们就像乌龟背着壳一样，永远被空间和时间裹挟。因此，根本不存在那种绝对独自存在的、物理事件的发生独立于生命之外的基质。

现在我们来回顾一个更基本的问题，假设芭芭拉想明白时钟是怎么回事。"我们有非常精密的机器来测量时间，比如原子钟。如果时间能测量，那不就证明了时间是存在的吗？"

芭芭拉的问题是个好问题。要知道，我们用公升或加仑来衡量汽油，并根据数量多少付钱。那我们是否会对一些不真实的东西也进行这种精准的衡量呢？

爱因斯坦对这个问题不屑一顾，只是说："时间就是我们用时钟来度量的东西。空间就是我们用量杆度量的东西。"对物理学家来说，重点是在测量上。但其实正如本书明确指出的那样，重点也可以放在我们观察者身上。

如果很难明确指出时间意味着什么，那就考虑测量时间的能力是否有办法支持时间的物理存在。

时钟是有节奏的东西，这就意味着时钟包含重复的过程。人类利用某些事件的节奏，比如用时钟的计数来为地球自转计时。但这并不是"时间"，而是事件之间的对比。具体来说，在过去的岁月里，人类观察到了自然界中有节奏的事件，比如日升月落、涨潮退潮等。然后我们创造了其他有节奏的事物来关联它们的规律，用作简单的比较。

运动越规律、越重复，对我们的测量就越有利。人们注意到，一根长约39英寸（约99厘米）的绳子下端系着某重物，它总是在1秒内来回摆动一次，"米"这个长度实际上最初就是这样定义的（"meter"这个名称的意思就是"测量"）。后来，人们注意到石英晶体在很小的电流刺激下就会每秒振动32 768次，这个节奏就是现在大多数手表的基本原理。

我们称这些人造的有节奏的装置为时钟，因为它们的重复持续且均匀。不过重复也可能是缓慢的，比如日晷就是利用太阳投射到地球的影子来测定并划分时间的。另外，原子钟比普通机械表更精准，可惜的是，它的表盘和齿轮会随着温度变化，只有处在每秒精确到 9 192 631 770 次振动的电磁辐射中时，原子钟中的铯原子核才能保持特定的旋转状态。因此，1 秒可以被定义为铯-133 原子核中多次"心跳"的总和。在所有这些情况下，人类使用特定事件的节奏来计算其他给定事件。但这些只是事件，不能与时间混淆。

事实上，自然界所有可靠的重复事件都可以（有时确实是）用来记录时间。潮汐、太阳自转、月相可以测量时间，它们都是自然界中最重要的周期性事件；冰雪融化、正在成长中的孩子、地上腐烂的苹果也可以测量时间，就算它们只是稀松平常的事情。几乎所有东西都可以测量时间。

人为活动也可以。例如，一个陀螺从旋转到停止。我们可以将其与炎热天气下标准冰块的融化进行比较。数一数冰块融化所需的时间里陀螺旋转的圈数，姑且当它转了24圈。我们可以得出这样的结论：每一个冰块融化"天"，等于陀螺旋转 24 个"小时"。我们手上有着这种"时钟"，那就可以安排在 2.5 个冰融或 60 个陀螺旋转"小时"的时候与芭芭拉见面喝茶。于是，人们就会发现，除了不断变化的事件外，其实什么都没有发生。

接受时间作为物理实体而存在，是因为我们发明了那些叫作时钟的东西，它们比花蕾开放或苹果腐烂更有节奏，更一致。事实上，真正发生的是运动，纯粹而简单，而运动最终局限于此时此地。当然，人们接受实体时间的概念，还有更普通的原因，就是它能提醒我们注意其他事件，比如大家的表都显示晚上 8 点时，最喜欢的电视节目就开始了。

我们觉得自己好像生活在时间流动的边缘，这让人从心理上感觉很舒服。真的，因为这意味着我们仍然活着。在时间的边缘上，明天尚未发生，未来还没到来，后代也没有诞生。未来的一切都是巨大的谜，巨大的虚空。生命在我们面前延伸。我们被绑缚在时间列车上，面对前方，无情地冲向未知的未来。我们身后的一切，就好像是餐车、商务舱、列车员休息室，以及无法追溯的数以千里计的轨道。

此刻之前，是宇宙历史的一部分，一切都已成为过去，一去不复返。但这种活在前行的时间边缘的主观感觉，是一种固执的幻觉，是我们为理解自然界而创造的一种智力组织模式的把戏。按照这种模式，日历上的日子接踵而至，春去秋来，年复一年。但在以生物为中心的世界里，时间是没有顺序的，无论我们对时间这种连续的观念强加了多少习惯的感觉。

如果时间真的流向未来，在所有时间边缘的一瞬间，我们还活在当下，不就很特别吗？想象一下自从时间开始以来已经消逝的所有时日吧，把时间像椅子一样摞在一起，自己坐在最上面。或者，如果你喜欢速度的话，就把自己绑在时间列车的最前面。

科学无法解释为何我们现在还活着、活在时间的边缘。根据目前以物理为中心的世界观，我们活着不过是一个意外，我们活着的概率小到无法想象。

人类对时间感知的执着，几乎可以肯定是源于长期的思维活动，即逐字逐句的思维过程，通过这个过程，意念和事件是直观的和可预测的。在难得的精神超脱时刻，或有危险、新奇的体验迫使人专注于自己的意识时，时间就消失了，取而代之的是一种难以言喻的自由快乐感，或是一种一心想要逃离当下逐渐迫近的险境的意念。在这种不假思索的经历中，人们从来没有正常地认识到时间的存在——因为"我看到整个事故慢动作展现的全过程"。

总而言之，从生物中心的观点来看，**宇宙中若没有能关注时间的生命，时间就不存在；时间也不真正存在于生活中。**成长中的孩子、衰老以及所爱的人死亡时，我们最深刻地感受到时间的存在，它们构成了人类对时间流逝和存在的感知。我们的宝宝长大成人了，我们变老了，他们变老了，我们一起变老了。那对我们来说就是时间。

时间属于我们。

这就引出了生物中心主义第六个原则:

生物中心主义第一原则:我们所感知的现实是一个涉及我们意识的过程。

生物中心主义第二原则:我们的外部感知和内部感知密不可分。外部感知和内部感知是同一枚硬币的两面,彼此不能分离。

生物中心主义第三原则:所有粒子和物体的行为与观察者的存在密不可分。如果没有有意识的观察者,它们至多只能以概率波的不确定状态存在。

生物中心主义第四原则:没有意识,"物质"处于不确定的概率状态。任何可能先于意识的宇宙都只存在于概率状态中。

生物中心主义第五原则:宇宙的精密安排只能通过生物中心主义来解释,宇宙是为生命做微调的。因为是生命创造了宇宙,而不是宇宙创造了生命。宇宙只不过是一个完整的自我时空逻辑。

生物中心主义第六原则: 时间在动物感知之外并不真正存在。时间是人类感知宇宙变化的工具。

第 11 章

对 "空间" 的重新思考很有必要

诸神啊！毁灭时间和空间吧，让有情人永无别离。

——亚历山大·蒲柏 (Alexander Pope)，18 世纪英国最伟大的诗人之一

动物们是如何理解这个世界的呢？

我们从小就接受着这样的教育：时间和空间是存在的，并且其显而易见的实在性每天都会在生活中得到强化，比如我们从这里走到那里，或从某地取个东西回来。大多数人都没有对空间进行过抽象的思考，认为就像时间一样，空间也是生活中不可或缺的一部分。质疑空间的存在性，就像怀疑走路或呼吸一样，让我们觉得很不自然。

我们可能会这样回答："空间肯定是存在的，因为我们都生活在其间。我们走路、开车、建造房屋，干什么都离不开空间。英里、公里（1 公里=1千米）、立方英尺（1 立方英尺 ≈ 0.03 立方米）、延米①（linear meters）等，都是用来测量空间的单位。"就像人们会把约会安排在百老汇 82 街的巴诺书店二楼的咖啡厅等地方，我们用清晰的空间维度来表达，又常与时间相关。

---

① 延米，即延长米，非法定计量单位，是用于统计或描述不规则的条状或线状工程的工程计量，如管道长度、边坡长度、挖沟长度等。而延长米并没有统一的标准，不同工程和规格要分别计算才能作为工作量和结算工程款的依据。

这就是日常生活中所谓的 3W：何时（when）、何地（where）、何事（what）。

严格来说，时间和空间理论属于动物的感知，是理解和意识的来源，是一种全新的、也许是抽象的东西，需要把握。但日常的经验并没有向我们表明这种现实，反而会告诉我们，时间和空间是外在的、永恒的实体。时间和空间似乎涵盖和绑定了所有的体验，像是生命的根本，又仿佛超越了人类的体验，因为所有的冒险活动都在其框架中展开。

作为动物，我们会有组织、有条理地使用地点和时间，来向自己和他人说明我们的经验。历史通过将人物和事件置于时间和空间中来定义过去。像大爆炸、地质学的深层时间[①]（deep time），以及进化论等这样的科学理论都浸透了时间、空间的逻辑。我们的实际经验，如从 A 点移动到 B 点、平行停车、站在悬崖边缘等，也都佐证了空间的存在。

我们伸手去拿桌上的水杯时，空间感毋庸置疑：这杯水几乎不会因为失手而打翻。这样的情形只会让我们觉得自己是空间的主体，若此时将自己定位为时间和空间的创造者，则必然觉得与常识、生活经验和所受教育相悖。因为这个含义令人震惊，所以任何人都需要彻底转变观念，才能凭直觉发现空间和时间其实完全属于动物的感知。

不过我们本能地知道，空间和时间不是可以看到、感觉、品尝、触摸或嗅到的东西。它们具有奇特的无形性，不像在海边发现的贝壳或石头，可以捡回家放在架子上。物理学家不能把空间和时间装在小瓶里带回实验室，也不能像昆虫学家收集昆虫，进行查看和分类。**空间和时间**与其他东西大不同，因为它们既不是物理的、本质上也不是真实的，它们都是概念上的，具有独特的主观性质。它们是**解释和理解世界的模式**，是动物有机体思维逻辑的一部分，是把感觉塑造成多维对象的软件。

[①] 地质学家表述经历数百上亿年过程使用的计数概念。

也就是说，除了时间，空间也是人类的一种构建，就好像每一个可以想象到的物体都陈列在一个没有器壁的巨大容器中。不幸的是，对无空间的实际有形感知往往局限于产生了 "意识变化" 的实验。在这种实验中，受试者会报告说所有独立的物体都失去了其作为单独个体的现实感。

从逻辑学的角度，我们可以看出，在空间基体中存在着无数独立的物体，这就要求我们首先要了解并识别每个物体都是独立的，并将其模式铭记于心。

当我们看着物体，比如说桌子上的一套碗碟和餐具时，我们会把它们都视为独立，并被空白的空间隔开的存在，这是一种长期形成的思维习惯，其中并没有什么特别的喜悦或超然的体验发生；不管怎么说，叉子和勺子都是再普通不过的物件，没什么美妙可言。

这些都是被思维屏蔽在外的物品，只通过颜色、形状或用途加以区分。叉子的尖齿被看作是特征性的独立物件，仅仅是因为它被我们这样命名了。相比之下，叉子的柄和齿之间的弯曲部分没有名字，是因为对我们来说，这部分并不是被我们认知的真正独立的实体。

想想那些更罕见的场合，出乎预料的全新视觉体验往往超出我们的逻辑思维能力。比如，在世界上最壮观的极光之地之一，阿拉斯加中部观看北极光的剧烈变化。北极光（如图 11-1）璀璨壮丽、千变万化，每个人看到都会兴奋得难以自制。

这些景象没有各自的名字，而且随时在以各种速度不断变化。它们都是存在于我们正常分类系统之外的东西，都不会被视为独立的实体。在认识这种现象的过程中，空间也消失了，因为所观察的对象和周围环境共存。整个万花筒般的表演秀是个奇妙的新实体，空间在其中不起任何决定性作用。因此，这种包罗万象的感知只需要我们调动更直接的知觉，而非那些后天习得的习惯性认知。

图 11-1 极光

人类的语言和思维决定了一个物体的边缘在哪里结束，另一个物体的边缘在哪里开始，我们偶尔会把复杂的视觉现象或具有多种颜色和形式的事件，在无法进一步分解成更小部分的情况下，用单一的标签标记成整个视野，比如落日。麻雀或普通人可能会被这种变幻莫测的形状和颜色所吸引，因为它们的壮丽不可言喻，无可名状；而一个有知识的人可能就会简单地用一个词来标记这种景象，继而滔滔不绝、絮絮叨叨地谈论落日的其他景观，或者联想到诗人对落日抒发的情感等。

再举一个例子，比如说夏日云朵不断变换出的图案，或者是汹涌瀑布中无数的细流和跃动的水珠。那里有大量的空间，但我们并没有去仔细观察瀑布，去分离各种水的成分，命名或识别流动的溪流、水滴或其他元素，想象它们之间的空间，更不要说它们还在迅速变化。工作量太大。因此，整个现象被贴上了"云"或"瀑布"的单一标签，而按空间分隔物体的正常分类思维就被"淘汰"了。

所以，我们倾向于更直接的知觉，盯着所看到的，而不是去认知不断涌动的精神符号。尼亚加拉瀑布的观看体验，无论如何都很有趣，只是因为我们习惯性的思维暂时放松了桎梏，才获得了额外的兴奋感。在这种情况下，峡谷中毫无变化的"咆哮"声起到推波助澜的作用，而且这种声音也不适合太多的想法。

古老的禅宗说："命色而令目盲（Name the colors, blind the eye）。"此语道出了有知识者习惯性命名标记之弊，用源源不断的标签取代生动、鲜活的现实，会使体验蒙受严重的损失。空间也是一样，在这种习惯性思维下，空间就仅仅只是那些确定的符号之间的停顿罢了。

无论如何，这一主观事实现在得到了实际实验的支持（详见介绍量子理论的章节）。这些实验强烈表明，无论表面上的距离有多远，距离（空间）对纠缠粒子来说没有任何现实意义。

爱因斯坦的永恒时空之海

爱因斯坦的相对论也表明，空间并非常量，它不是绝对的，因此本质上不是实体。而我们的意思是，超高速旅行使旅行期间经过的空间本质上收缩为无（nothingness）。走到星空下时，我们可能会惊叹星空多么遥远，宇宙中的空间多么浩瀚广袤，但一个世纪以来，事实一再表明，我们与任何其他事物之间的这种分隔其实是受制于观念，而非内在的现实。这并不是完全否定空间，只是使它变为不确定而已。如果我们生活在引力场非常强的世界，或者以高速向外飞行，那么这些恒星的距离就会完全不同。

用实际的数字来说，如果我们以 99% 的光速（299 792 458 千米 / 秒）向天狼星（Sirius）进发，就会发现天狼星离我们只有 1 光年多一点，而不是地球上的朋友们测量的 8.6 光年。

如果我们以同样的速度穿过一间长 21 英尺（约 6.4 米）的客厅，所有的仪器都会显示，客厅只有 3 英尺（约 0.9 米）长。令人惊奇的是，客厅，

—— 伊曼努尔·康德 ——

　　我们必须摆脱这样的观念，即空间和时间是事物本身的
实际性质……所有的物体，以及它们所处的空间，都只能被认为
是我们心中的表象，只存在于我们的思想之中。

以及从地球到天狼星之间的空间，并没有人为地因某种幻觉而缩小。

如果我们能以物理定律中完全允许的 99.9999999 % 的光速移动，那么客厅的长度将是原来的 1/22 361，或者说是一英寸的百分之一，比这句话末尾的句号大不了多少。房间里的所有物品、家具或人都会像小人国里的一样，而我们却看不出任何不妥。空间没准会变成零。那么，我们习惯性将"事物"放置其中的那个所谓值得信赖的网格在哪儿呢？

事实上，空间可能比任何人想象的更奇怪，更不确定。最早的迹象 19 世纪就出现了，当时物理学家和大多数人一样，假设空间和时间是独立于意识的外部存在。

这就让我们想起了那个与空间思考最密切相关的人——爱因斯坦。爱因斯坦天才的一面使他后来的成就胜过了他 1905 年和 1915 年提出的相对论。爱因斯坦的职业生涯之初，正是西方自然哲学基础的危机动荡之时。量子理论的发展还是很多年之后的事情，而且人们对观察者和被观察到的现象之间相互作用的理解，少得可怜。

爱因斯坦那一代人所接受的教育认为，客观的物理世界，按照不依赖于生命的规律运行。"相信外部世界独立于感知主体，"爱因斯坦后来写道，"这是所有自然科学的基础。"宇宙被看作是一台在时间之初就开始运转的伟大机器，其轮和齿按照不变的法则，完全独立于我们之外运转，永不停息。爱因斯坦说："一切事物的开始和结束，都是由无法控制的力量决定的。昆虫如此，星星亦如此。无论是人类、蔬菜，还是星尘，都随着远处看不见的吹笛者吹奏的神秘曲调起舞。"

当然，科学后来发现这一概念与量子理论的实验结果并不一致。根据对科学数据最严格的解释，现实是由观察者创造的，或者至少与观察者相关。正是在这种情况下，需要重新解释自然哲学。科学要重新强调生命的那些特殊属性，使其成为物质现实的根本。而早在 18 世纪，领先于时代的伊曼努尔·康德（Immanuel Kant）就曾说过："我们必须摆脱这样的观念，即空间和时间是事物本身的实际性质……所有的物体，以及它们所处的空间，都只能被认为是我们心中的表象，只存在于我们的思想之中。"

生物中心主义表明，空间是内在思维的投影，思维则是体验开始的地方。空间是生命的一种工具，是允许有机体协调感官信息的外在感觉形式，能让有机体对正在感知的东西的质量和强度做出判断。空间本身并不是一种物理现象，不应该像研究化学物质和运动粒子那样来研究。我们动物有机体使用这种感知形式，将感觉处理成外部经验。从生物学角度看，大脑对感觉输入的解释，取决于从身体中获得信息的神经通路。例如，所有到达视神经的信息都被解释为光，而感觉对身体特定部位的定位取决于它到达中枢神经系统的特定路径。

爱因斯坦说："空间是我们用量杆测量的东西。"他拒绝让形而上学的思维干扰他的方程式。但是，这个定义应该再次强调"我们"一词。如果不是为了观察者，那空间是为了什么？空间并非只是一个没有外壳的容器。有必要问一下，如果所有的物体和生命都被移除，还会剩下什么。那之后空间会在哪儿？它的边界又该如何界定？在外部世界中，是无法想象完全没有物质或尽头的某种存在的。认为独立的现实中真正存在着虚空的空间，本身就是某种科学上的形而上的虚空。

不过，这里有另一种欣赏虚空的方式（是的，这是一个笑话），这是现代的发现：虚空里沸腾着几乎难以想象的能量。这些能量表现为具有物质性的虚粒子，它们像训练有素的跳蚤在现实中跳进跳出。现实中看似虚空的基质，实际上是一个活生生的、充满活力的"场"，一个强大的实体，绝不是空无一物的。

这种能量有时被称为零点能量（Zero-Point Energy）。我们周围无处不在的动能在绝对零度（零下273.15摄氏度）时停止，零点能量就开始显现出来。自 1949 年以来,通过卡西米尔效应[1](Casimir effect),零点能量或真空能量已被实验证实。在卡西米尔效应下,排列紧密的金属板受到外部真空能量波影响而挤压在一起。两块金属板之间的空间太狭窄,抑制了能量波,使之没有足够的"呼吸空间"来反推。

于是,我们就可以纠正许多对空间的错觉和误解。来整理一下:

(1) 空的空间不是空无一物的。

(2) 物体之间的距离可以、也确实会根据多种条件发生变化,所以任何地方、任何事物之间都不存在基本距离。

(3) 量子理论对远距离的单个物体是否真的完全分离提出了重大质疑。

(4) 我们"看到"物体之间的分离,只是因为通过语言和惯例养成和适应了边界的划定。

从远古时代起,哲学家们就对物体和背景之间的联系产生了浓厚的兴趣。比如同样一幅画,有的人看到的是一只精致的酒杯,有的人看到的则是两个对视着的侧脸。空间、物体和观察者也是如此。

当然,有这种时空幻觉是无害的。唯一的问题是,把空间看成是某种外部的独立存在,实际上给以科学方法研究现实本质强加了一个完全错误的起点,也助长了当前人们对创建某种能真正解释宇宙的大统一理论的痴迷。

---

[1] 卡西米尔效应就是在真空中两片平行的平坦金属板之间的吸引压力。这种压力是由平板之间空间中的虚粒子的数目比正常数目小造成的。这一理论的特别之处是,"卡西米尔力"通常情况下只会导致物体间的"相互吸引",而并非"相互排斥"。

19 世纪的太空探测先驱者

休谟曾经写道："人们似乎受本能或偏见驱使，将信念寄托在感官上。于是未经推理，甚至几乎是在拥有理性之前，就一直假设存在着一个外部宇宙，它不依赖于生命感知，哪怕我们和所有生物都不在场或已被毁灭了。"

尽管物理学家赋予空间的外在性质无法被证实，但这并不能阻止他们继续尝试。最著名的例子是迈克尔逊 - 莫雷实验（Michelson-Morley experiment），这是 1887 年设计来证实"以太"的存在的。那时爱因斯坦还很年轻，科学家们认为这种以太弥漫整个宇宙，并且定义了空间。古希腊人向来厌恶"虚无"这个概念：作为优秀而执着的逻辑学家，他们深知"being nothing"中的矛盾。"being"的动词是"to be"，意思是"存在"，显然和"nothing"，也就是"虚无"，是矛盾的，把"being"和"nothing"放在一起，就如同在说"去散步，而又不散步"。

甚至在 19 世纪以前，科学家们也相信行星之间一定有某种东西存在，否则光就没有传播的介质。尽管早期试图证实这种"以太"存在的尝试都没有成功，但阿尔伯特·迈克尔逊（Albert Michelson）认为，如果地球的确在"以太"中穿行，沿地球轨道运行方向上传播的光会比垂直于此方向的光稍快一点，它们从镜子上反射回来的时间也要更早。

在爱德华·莫雷（Edward Morley）的帮助下，迈克尔逊设计了一个实验。实验装置带有多面反射镜，整个装置安放在稳固的混凝土台基上的水银池中，以便于旋转，并且不会产生不必要的倾斜。结果不容置疑：沿着"以太流"（ether stream）方向传播的光，与垂直于"以太流"方向传播的光，传播相同距离所花费的时间是完全相同的。这个结果就像在说地球其实停在围绕太阳的轨道上，这维护了托勒密（Plolemy）的希腊自然哲学，却和整个哥白尼理论相悖，显然不会得到认可，但另一个假设以太被地球曳引的理论也已经被许多实验证明根本说不通。

毫无疑问,以太不存在,空间没有外在物质性。亨利·戴维·梭罗(Henry David Thoreau)曾经说过:"知识不是通过细节获得的,而是来自天堂的光芒。"乔治·菲茨杰拉德(George Fitzgerald)花了好几年的时间才指出,对迈克尔逊 - 莫雷实验的否定性结果还有另一种解释。他凭借的不是来自天堂的光芒,而是正确地应用了逻辑。他指出,物质本身会沿着运动的方向收缩,收缩量随着运动速率的增加而增加。例如,一个向前运动的物体会比静止时略短。所以迈克尔逊的装置转向地球运动的方向时发生了收缩,而实际上任何测量仪器,包括人类的感官,都会以同样的方式发生收缩。

起初,这一假说缺乏任何可信的解释。直到伟大的荷兰物理学家亨德里克·洛伦兹(Hendrik Lorentz)援引了电磁学。洛伦兹于 1897 年发现了电子。电子是人类发现的第一种亚原子粒子,至今仍被认为是基本的、不可分割的仅有的三种亚原子粒子之一。包括爱因斯坦在内的许多物理学家,都将洛伦兹视为理论物理学家中的领军人物。洛伦兹坚信,收缩现象是一种动态效应,运动会使物体的分子力产生变化。他推断,如果一个带电荷的物体在空间中运动,其粒子之间就会呈现新的相对距离。结果就是物体的形状会发生变化,会在运动的方向上收缩。

洛伦兹发展了一套后来被称为洛伦兹变换(或洛伦兹收缩,详见附录一)的方程,用来描述观察者在不同惯性参考系之间,对物理量进行测量时所遵循的转换关系。这个转换方程式简洁优美,爱因斯坦在 1905 年的狭义相对论中使用了它。事实上,这套方程体现了爱因斯坦狭义相对论的全部数学精髓。这个方程不仅成功地量化了收缩假设,而且先于相对论的发明,提出了运动粒子质量增加的正确方程。

与长度的变化不同,电子的质量变化可以通过磁场引起的偏转来确定。到 1900 年,沃尔特·考夫曼(Walter Kauffman)证实了电子正如洛伦兹方程所预测的那样增加了质量。事实上，随后的实验表明洛伦兹方程近乎完美。

尽管庞加莱（Poincaré）发现了相对性原理、洛伦兹发现了变换方程，最后却是爱因斯坦等到了收获狭义相对论的成熟时机。正是在这一理论中，空间 - 时间变换定律的全部含义都被清晰地表述出来：时钟在运动时确实会减慢，并且在以接近光速的速度运动时，会大大减慢。例如，时钟以每小时 5.86 亿英里（约 9.43 亿千米）的速度运动时，指针将会走得比静止时慢一半。当速度达到光速，即每小时 6.7 亿英里（约 10.78 亿千米）时，时钟将完全停止转动。

这种效应在日常生活中很难察觉，因为钟表和量杆上发生的变化极其微小，远远达不到人的感官能够感知的范围。即使是在以每小时 6 000 万英里（约 9 656 万千米）的速度飞驰在太空中的火箭上，时钟也只会减慢不到 0.5%。

爱因斯坦的狭义相对论方程，建立在洛伦兹方程的基础之上，预测了高速运动的所有显著效应。这些方程描述了一个极具想象力的世界，即便是在奇幻作品盛行的时代，比如 H. G. 威尔斯（H. G. Wells）的小说《时间机器》（The Time Machine）里，亦是如此。

一个又一个实验证实了爱因斯坦的观点，他的方程式经受住了严格的验证，而且很多技术都依赖于这些方程。包括电子显微镜聚焦技术，以及为雷达系统提供微波功率的电子管速调管等。

本书所呈现的相对论和生物中心主义都预测了相同的现象，生物中心主义更倾向于洛伦兹提出的动态"补偿理论"。在观察事实的基础上，人们不可能就选择一种理论而排斥另一种理论。世界著名的科学哲学家劳伦斯·斯克拉（Lawrence Sklar）写道："你选相对论，还是选补偿性的（生物中心）替代论，是选择自由的问题。"尽管空间和时间是人类和其他动物凭直觉了解自己的手段，但是没必要为了恢复空间和时间的应有地位而抛弃爱因斯坦。空间和时间属于我们，而不属于外部世界。没有必要创造新的维度和发明全新的数学来解释为什么空间和时间是与观察者相关的。

不过这种等效兼容性(equi-compatibility)并不适用于所有的自然现象。把这种兼容性应用到小于分子量级的空间时，爱因斯坦的理论就完全失效了。相对论是在四维时空连续统中描述运动的。因此，单从这个理论的角度看，应该可以无限精确地同时确定位置和动量，或者能量和时间，但这个结论与不确定性原理所界定的极限并不一致。

爱因斯坦对自然的表述是为了解释由运动和引力场的存在所产生的悖论。没有观察者在场时，这些表述并没有对空间或时间是否存在做出哲学上的陈述。如果传播粒子或光子的基质是个意识场，就像一个完全虚无的场一样，那些表述才会一样起作用。

但无论我们如何将数学视为计算运动的便利工具，空间和时间仍然保持着有机体的感知特性。就算人们普遍认为狭义相对论的时空是一个自存的实体，具有独立的存在和结构，但我们依然只能从生命的角度来谈论它们。

此外，事后我们才意识到，爱因斯坦不过是用一个四维的绝对外部实体替代了一个三维的绝对外部实体。其实在广义相对论论文的开头，爱因斯坦就对自己的狭义相对论提出了同样的担忧。他认为客观现实归于时空，不受其活动场所发生的任何事件的影响。尽管他最终放弃了对这个难题的思考，但如果他还活着的话，无疑会在今天与我们共鸣。毕竟，他一再强调的一个如宗教般的观点就是"不存在自由意志"，这将必然得出宇宙自我运作的结论。再往下深究，二元论和自我独立性，以及意识和外部宇宙的孤立空间就变得站不住脚。事实上，观察者和被观察者之间不可能割裂。如果将两者分离，现实就不复存在了。

就爱因斯坦的工作本身而言，他在计算轨迹和确定事件发生的相对顺序方面确实非常出色。但他无意阐明时间和空间的实际性质，因为这些不能用物理定律来解释。为此，我们必须先知道如何感知和想象周围的世界。

大脑处于头盖骨内，当它被锁在密封的"骨头保险箱"中时，我们是如何知晓事物的呢？难道丰富多彩、灿烂无比的宇宙都是依赖于瞳孔那不足 1 厘米的开口，以及由此进入的微弱光线吗？它是如何将那些电化学脉冲转化为一个顺序、一个序列和一个单位的？我们怎么就能识别一页纸、一张脸的呢？这些都如此真实，几乎没人质疑这一切到底是如何发生的。显然，需要超越传统物理学才能发现，这些不断围绕着我们的生动图像，其实只是一种构建、一种盘旋在头脑里的成品。

爱因斯坦写道："满怀信心开始研究认识论之后，我很快意识到自己贸然进入了一个非常棘手的领域。由于缺乏经验，我一直在小心翼翼地用物理学来保护自己。"这段陈述非常精彩，而且是在他提出自己的狭义相对论近半个世纪后，才借着智慧后知后觉写下的。

爱因斯坦本可以建造一座城堡，不需要大量的材料，也不需要为此而削足适履的知识。但他年轻时坚信可以从自然物理的一面，而不用另一面——生命来建造。爱因斯坦既不是生物学家，也不是医生。由于爱好和接受的训练，他痴迷于数学、方程式和光粒子。这位伟大的物理学家在生命的最后 50 年里，一直在徒劳地寻找能将宇宙联系在一起的大统一理论。离开普林斯顿的办公室后，他要是能看看池塘，看看成群结队的小鱼浮上水面，看看那更广袤的宇宙就好了，因为它们也是其中错综复杂的一部分。

随波逐流、不断变化的"空间"

爱因斯坦的相对论与更灵活的空间定义完全兼容。物理学中的一些线索确实暗示着重新思考空间对推进研究是必要的。举几个例子，在量子理论中观察者的含义一直模糊不清、宇宙学观测中隐含的非零真空能量（nonzero vacuum energy）、广义相对论在小尺度上的失效等。此外，我们还可以补充一个令人不安的事实：生物意识所感知的空间仍然是一个独立领域，而且仍然是人们最不了解的自然现象之一。

有人假设爱因斯坦的狭义相对论的发展使外在现实、独立的"空间"的存在成为必要，也假设物体绝对可分的现实，即量子理论所说的定域性，并在此基础上建立了空间的概念，对此我们必须再次强调，就爱因斯坦本人来说，空间只是我们能用经验中的实体物体来衡量的东西。本书就不在此多费篇幅去技术性阐述相对论的相关结论，详情请参阅附录二。附录二从基本场及其性质的角度描述了狭义相对论的假设。这样一来，我们就把空间从其特权地位拉了下来。科学不断变得更加统一，我们有望按照当前量子力学的思路，既解释意识，又解释理想化的物理情况。量子力学清楚地表明，观察者的决定与物理系统的演化密切相关。

通过理论自身的描述，意识最终可能被很好地理解，但其理论支撑显然是自然界物理逻辑的一部分，也就是基本的大统一场论（fundamental grand unified field）。意识既受场的作用，比如感知外部实体，体验加速度和重力的影响等，又作用于场，比如通过实现量子力学体系，构建坐标系统来描述基于光的关系等。

与此同时，各种各样的理论家都在努力解决量子理论和广义相对论之间的矛盾，少数物理学家质疑大统一理论的可实现性。但很明显，经典的时空概念才是真正的问题，而不是解决问题的方案。麻烦事之一是，在现代观点中，实体与场之间以某种并不真实的方式纠缠在一起。根据现代量子场论，空间有自己的能量，且在本质上有非常符合量子力学的结构。科学日益发现，物体和空间的界限越来越模糊。

此外，自 1997 年以来的量子纠缠实验已经对空间的真正意义提出了质疑，继而也质疑这些纠缠粒子实验的意义。实际上只有两种选择，要么是第一个粒子以无限大的速度（远远超过光速的速度）以及一种完全猜不透的方法传送其状态；要么就是与表象相反，两个粒子其实根本就没分开。在真正意义上，两者是接触的，尽管两个粒子之间看似充斥着大片虚无的空间。所以，这些实验看上去还为"空间是虚无的"这一结论又增加了一层证据。

宇宙学家说，一切都是在宇宙大爆炸中诞生的，万事万物皆有关联。那保守地说，在某种意义上，每个物体间都是纠缠相关的，都在与其他一切事物直接接触，就算它们之间看起来有"虚空"相隔。

所以空间的真正性质是什么？是虚空吗？是因充满了能量而等同于物质吗？是真实的还是虚幻的？是独特的活跃的场？还是意识之场？如果人们接受外部世界只发生在头脑中、存在于意识中，并且意识到此刻"外在"的认知是发生在大脑内部，那么万事万物就真的是相互关联的了。

另一个奇异的现象是，在以接近光速的速度运动时，宇宙中的一切似乎都在正前方的同一个地方，没有分离、没有分化。这种奇异的现象来自畸变效应（effect of aberration）（如图 11-2）。在暴风雪中行驶时，雪花似乎总是从我们的前方飘来，而后窗几乎不会受影响。光也是如此。地球以每秒 18 英里（约 28.97 千米）的速度围绕太阳旋转，导致其他恒星的位置偏离其实际位置几弧度。速度继续增加，这种效应会变得越来越显著，直到速度接近光速时，整个宇宙看上去好就像是在正前方的一个耀眼光球里盘旋。你从其他窗口向外看，除了奇怪的绝对黑暗之外，什么也看不见。这里的要点是，如果对某些事物的体验会根据条件而发生彻底变化，那么这件事就不是根本性的。

光或电磁能在任何情况下都不变，就是某种本质，或固有存在的东西。相比之下，空间似乎可以通过畸变改变它的外观，又可以在高速下急剧收缩，以至于整个宇宙从一端到另一端只有几步之遥。这都表明，空间没有内部结构，就更不用说外部结构了。更确切地说，空间是一种有体验性的、有使用价值的事物，它随波逐浪，会在不同的环境下发生变化。

图 11-2　畸变效应

所有这些与生物中心主义进一步关联的是，如果将空间和时间作为客观实在，而不是主观的、相对的和观察者创造的现象，那就摧毁了外部世界存在于其自己独立的框架中这一概念。如果这个外在的客观世界既没有时间也没有空间，那么它在哪里？

鉴于此，我们得出生物中心主义的第七个原则：

生物中心主义第一原则：我们所感知的现实是一个涉及我们意识的过程。

生物中心主义第二原则：我们的外部感知和内部感知密不可分。外部感知和内部感知是同一枚硬币的两面，彼此不能分离。

生物中心主义第三原则：所有粒子和物体的行为与观察者的存在密不可分。如果没有有意识的观察者，它们至多只能以概率波的不确定状态存在。

生物中心主义第四原则：没有意识，"物质"处于不确定的概率状态。任何可能先于意识的宇宙都只存在于概率状态中。

生物中心主义第五原则：宇宙的精密安排只能通过生物中心主义来解释，

宇宙是为生命做微调的。因为是生命创造了宇宙，而不是宇宙创造了生命。宇宙只不过是一个完整的自我时空逻辑。

生物中心主义第六原则：时间在动物感知之外并不真正存在。时间是人类感知宇宙变化的工具。

生物中心主义第七原则：空间是动物感知的另一种形式，并不存在任何独立的现实。我们就像乌龟背着壳一样随身携带空间和时间。因此，允许独立于生命的物理事件发生，而又绝对自存的介质是不存在的。

| 幕后人物

我们所谓的"意外"和"偶然",有时是必然性的结果。

——罗曼·罗兰（Romain Rolland）《科拉·布吕尼翁》(*Colas Breugnon*)

高中毕业后不久，我又去了趟波士顿。我一直在找暑假工。我曾给麦当劳、唐恩都乐①，甚至市中心的科克伦制鞋公司投过求职信，但是他们都招满人了。我想再去哈佛大学医学院找一份工作，脑海中翻腾着这个念头，我在哈佛广场站下了车。

不知道我当时怎么会有这种想法。现在回想起来，我本该对有这样的想法而感到奇怪，但同时又觉得这一切很自然。我早就想见诺贝尔奖得主了，我想知道那情景会是怎样的。也许我会这样介绍自己："打扰一下，爱因斯坦教授，我叫罗伯特·兰札。"

我突然想起詹姆斯·沃森（James Watson）也是哈佛大学的教员，我试着想象他的模样。他和弗朗西斯·克里克（Francis Crick）一起发现了 DNA 的结构，是科学史上最伟大的人之一。我决定马上去沃森的实验室，但是很可惜，到那儿时我才发现他最近到纽约的冷泉港实验室去做主任了。当我明

① Dunkin' Donuts，唐恩都乐是一家专业生产甜甜圈，提供现磨咖啡及其他烘焙产品的快餐连锁品牌，总部位于美国，为美国十大快餐连锁品牌之一。

白不可能见到他时，我迷茫了，坐下来不知所措。现在该怎么办呢？

"来吧，伤心也没用！"我对自己说，"至少我人就在波士顿。"

我开始在脑子里努力搜寻所有我认识的诺贝尔奖得主。"我肯定伊万·巴甫洛夫（Ivan Pavlov）、弗雷德里克·班廷（Frederick Banting）和亚历山大·弗莱明（Alexander Fleming）不在哈佛大学，因为他们都去世了。我敢肯定汉斯·克雷布斯（Hans Krebs）也不在，因为他在牛津大学，还有乔治·沃尔德（George Wald）——是的，他在这里，我敢肯定！他与霍尔登·哈特兰（Haldan Hartline）和拉格纳·格拉尼特（Ragnar Granit）发现了眼睛视觉过程，共同获得了诺贝尔奖。"

拜访诺贝尔奖获得者

走廊里一片漆黑，散发着霉味。我刚走到沃尔德博士的实验室外面，门就开了。一个女人走了出来。

"打扰一下，小姐，你知道沃尔德博士在哪儿吗？"

"他今天生病在家，"她说，"但他明天应该来。"

"那就太晚了，"我回答，心里还在想怎么诺贝尔奖得主也会生病。"我只在波士顿待几个小时。"

"今天下午我就可以和他说上话，要我给他捎个口信吗？"

"不用了，没关系。"我说。我谢过她后便离开了。

该回家了。回到斯托顿去，回到麦当劳和邓肯甜甜圈的世界去。我又穿过哈佛广场，很快就上了火车。"要是波士顿有更多的诺贝尔奖得主就好了。"我越想越觉得沮丧。

忽然，我灵光一现：波士顿不是还有许多其他的学院和大学嘛！其中相当一部分是美国知名的，还有一些是国际知名的。其中最重要的或许正是麻省理工学院。最近，麻省理工学院超越技术的限制，扩大了学术工作的范围，除了技术和工程，生物科学方面的研究也做出了显著的成果。

于是我在肯德尔广场站下了车，直奔麻省理工学院。我已经很久没有来这里了，之前我和库夫勒博士一起参加科学展览会的时候来过。进了校园后，我还有点懵，但很快就找到了方向。

沿街而上，我望见一座拔地参天的大楼，上面有巨大的圆顶和柱子。牌子上写着"麻省理工学院"。大楼内有问讯处。我要询问的第一个问题当然是"这儿有诺贝尔奖得主吗？"

"当然有啦，"有人答道，"萨尔瓦多·卢瑞亚（Salvador Luria）和戈宾·霍拉纳（Gobind Khorana）都是。"

我对这两个人一点儿都不了解，也不知道他们是干什么的，但不管怎样，能见到他们也不错。

"他们中谁最有名？"

那人什么也没说。他可能觉得这是个奇怪的问题。"卢瑞亚博士，"坐在他旁边的一位先生说道，"他是癌症研究中心的主任。"

"您知道我在哪儿能找到他吗？"

那人翻了翻电话簿，把地址抄写下来："萨尔瓦多·卢瑞亚，E17 号楼。"

我拿着这张纸条，就好像拿着某封正式的介绍信。我怀着激动的心情离开，然后快速穿过校园来到他的办公室。卢瑞亚的一个秘书坐在前台，正在整理一些文件。我很害怕，非常非常害怕，不得不再次盯着那张纸条看。

"请问，我能和萨尔瓦多博士谈谈吗？"我说。

"你是说卢瑞亚博士吧？"

我勉强挤出一点笑容。我已经尽力了，但还是觉得自己很愚蠢，"是的，当然！"

"你有预约吗？"

她显然知道我只是个小年轻，但我还是拼命掩饰自己的窘迫。

"没有，但我希望能请教他一个问题。"

"他整天都在开会。"她眨了眨眼睛，又说，"他可能吃午饭的时候能有点时间见你。"

"谢谢。"我说，"我会回来的。"

改变我一生的工作

没有时间把卢瑞亚博士所有的科学论文都读完了，但我在离他办公室没几个街区的一栋楼里找到了一个图书馆。我了解到，他和马克斯·德尔布吕克（Max Delbrück）以及艾尔弗雷德·赫尔希（Alfred Hershey）刚刚获得1969年诺贝尔奖，因为他们发现了病毒和病毒性疾病，为分子生物学奠定了基础。

我发现，平时等待午休时，时间就已经过得够慢了，但在这一天，钟表似乎被树脂粘住一样，时间就像大陆的板块运动那样缓慢。

"我回来了，"我说，"卢瑞亚博士在吗？"

秘书冲我点了点头，"在的，他在办公室。敲敲门就行了。"

"你确定吗？"我有点害羞地问道。

"是的，去吧。他没有多少时间的。"

敲门时，我的胃在慢慢抽紧，我感到非常紧张，突然想打退堂鼓。

"请进。"

一进门看见他，我大吃一惊。他坐在那里，正在吃一个花生黄油果冻三明治。难道这就是知识巨人的美食吗？

"你是谁？"他的声音中透露出些许的不安。

此时，我感觉自己就是走到火云环绕下的奥兹法师面前的那只小狮子①。"我叫罗伯特·兰札。"

"谁派你来的？"

"没谁。"

"你是说，你就从大街上这么走进来的？"

谈话这么开始，可不太妙。

"我、我正在找工作，先生。我在哈佛大学医学院的斯蒂芬·库夫勒博士手下做过一些工作，不知道您是否需要帮助。"我想还是提一下库夫勒博士好了，因为我不知道还能对卢瑞亚博士说些什么，也许这会有帮助。当时我太年轻，还不能充分体会到名人的力量。

"请坐，"卢瑞亚博士说，语气突然变得很有礼貌。"斯蒂芬·库夫勒吗？他可是个很棒的人。"

我们谈话时，他的大眼睛闪烁着光芒。我告诉卢瑞亚博士我在地下室所做实验的情况，以及几年前我是如何认识库夫勒博士的。

"我已经不怎么做研究了，"卢瑞亚博士说，"现在主要做行政工作。但我会给你找份工作。我保证。"

我向他表示感谢，不太相信事情会如此简单，如此简短。

"听着，我真的不应该这么做的。"他说。我当时还没有意识到，他把我这个街上来的孩子放在了一长串合格的在校申请者名单的最前面。

就这样，我只能为给他带来的不便表示歉意。

回到斯托顿时，太阳已经落山了。我隔壁邻居芭芭拉正在花园里干活，我跑过去找她。

"我找到工作了，"我说，"你猜在哪儿？"

"电影院！"因为我曾非常想在电影院工作，还提交过一份申请，但他们一直都没有给我打电话。

---

① Wizard of Oz，童话故事《绿野仙踪》中的角色。

"不对！你再猜猜看。"

"让我想想哈，麦当劳？邓肯甜甜圈？我真的猜不出来了。"

我向她讲述了这一天的经历。讲完后，她拍手惊呼道："哦，鲍比，我太激动了。卢瑞亚博士是我崇拜的英雄。我听过他在一次和平集会上的演讲。"

第二天，我回到麻省理工学院。在经过生物系大楼时，听到有人在喊我的名字。抬头一看，是卢瑞亚博士。"罗伯特！嗨！"他还记得我的名字（我甚至不敢相信），"快跟我来！"

我跟着他穿过入口，走过一条走廊，进入一间办公室，我以为里面的人是人事部主任。但接下来卢瑞亚博士说的话让我震惊："我希望你给他任何他想要的工作。"

然后他转向我说："你真是个讨厌鬼。有一百多个麻省理工学院的学生都想在这儿工作呢。"

最终是我得到了这份工作，而这改变了我的一生。我在理查德·海因斯（Richard Hynes）博士的实验室工作。他当时只是一个助理教授，手下只有一个研究生和一个技术员。海因斯博士后来接替卢瑞亚博士成为麻省理工学院癌症研究中心主任，并成为享有盛名的美国国家科学院一员和世界上最伟大的科学家之一。海因斯博士当时正在研究一种新的高分子蛋白质，后来被称为"纤连蛋白"（fibronectin）。在那儿工作期间，我把纤连蛋白添加到转化的"类癌"细胞中时，细胞恢复了正常形态。给卢瑞亚博士看这些细胞时，他说这是他整个星期看到的最令人兴奋的事情。我在那里做的研究最终发表在《细胞》（Cell）杂志上。这是世界上最负盛名、引用次数最多的科学期刊之一。

我童年时那些不同寻常、动荡的"逃亡日子"正渐渐消失在遥远的记忆中。

第13章

转动思维风车

人们偶尔会观察到，基础动物学教科书有误导粗心读者的倾向，会让他们误以为生物就是从热气腾腾的小池塘或者从海洋这个有益的化学坩埚中一下子诞生出来的。而且言之凿凿，以至于他们轻易就认定这事儿毫无秘密可言，或者，如果有也微乎其微。

——洛伦·艾斯利（Loren Eiseley）

宇宙学家、生物学家和进化论者宣称宇宙，也就是自然规律本身，只是某天无缘无故地出现时，似乎表现得一点都不吃惊。也许我们应该牢记弗朗切斯科·雷迪（Francesco Redi）、拉扎罗·斯帕兰札尼（Lazzaro Spallanzani）和路易斯·巴斯德（Louis Pasteur）的基本生物学实验，因为这些实验让自然发生论偃旗息鼓，这样就不至于在宇宙本身的起源问题上再犯错误了。

自然发生论认为，生命是从无生命的物质中产生的，例如蛆来自腐肉，青蛙来自泥土，老鼠来自一堆堆的旧衣服，就好像念动咒语"快变"之后，生命就会"啪"地一下出现一样。

但是，经典科学除了处理基本问题会出现这种根本不合逻辑的情况外，还有一个额外的甚至更基本的问题：语言的二元性，即思维的方式和逻辑的局限性。

不结合知觉的本质，即意识，我们就无法正确地感知宇宙中正在发生的事情，同样，如果不了解用于讨论和理解的工具，即语言和理性思维的本质和局限性，我们也无法充分地讨论和理解宇宙。比如我们此刻正在进行的阅读，只有通过手中的媒介才能进行，否则就不会有什么"阅读"。如果媒介引入了内在的偏见，我们至少也应该对其有所了解。

很少有人会停下脚步来思考逻辑和语言的局限性，因为我们在追求知识的过程中就默认使用这些工具。量子理论在日常技术应用中的地位日益提高，我们已开发了隧道显微镜和量子计算机，那些积极致力于应用量子理论的人，往往会忽视它不符合逻辑或非理性的性质。毕竟对他们来说，只有数学和技术应用才是重要的。他们有自己的工作要做，量子理论的意义，就留给科学哲学家们去讨论吧。此外，人们不必刻意去理解某些东西，只要得到好处就行，正如站在祭坛前的人们从远古时代起就已经意识到的那样。

但对量子理论研究得越多，人们就越感到惊奇，因为它们反逻辑，甚至比前面几章中讨论的实验更奇怪。为了说明这一点，请回想一下，在日常生活中，选择通常都被缩小到了特定的可能性之内。比如，你在找猫时会发现，它要么在屋里、要么不在屋里——也许，如果猫正在门口打盹，还可能是部分在屋里，部分在屋外。这就是全部的三种可能性，没有人能够再想象出其他的可能性。

但在量子世界中，如果一个粒子或光子从 A 点运行到 B 点，同时 A、B 两点都有一面反射镜使它们弹回，以便它能通过两条路径中的任何一条到达目的地，就会发生一件惊人的事情。

带有此类反射镜的精细实验表明，粒子既不是走路径 A，也不是走路径 B；也没有以某种方式分裂自己并同时走两条路径，更没有通过其他路径到达那里。这些是我们能想到的所有选择，但粒子违背了逻辑，做了一些我们无法想象的事情。正在做这种看似不可能事情的粒子被称为处于叠加态（superposition）。

20 世纪的重大启示之一

　　叠加态在真正的量子宇宙中是司空见惯的，但在我们看来这很不寻常。因为叠加态明确表明，我们的思维方式并不适用于宇宙的所有部分。这种认识非常重要，这在人类历史上是独一无二的，甚至是 20 世纪的重大启示之一。

　　古希腊人热爱逻辑学，喜欢探索其中的矛盾。他们不厌其烦地提出各种难题，炫耀诸如龟兔赛跑（如图 13-1）这样的悖论。

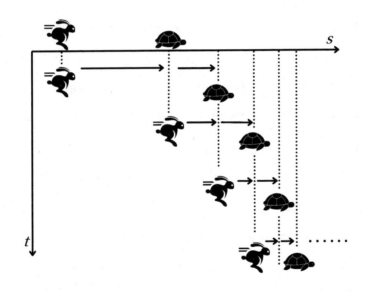

图 13-1　龟兔赛跑悖论

　　你可能还记得，我们说兔子跑的速度是乌龟的两倍，所以我们让乌龟在两英里的比赛中领先一英里（希腊人更可能使用计量单位"斯塔德"①而不是英里）。因为乌龟的速度是兔子的一半，当兔子

———————————

① Stade，原本是一个计量单位（约 200 米），这个词后来成为该距离赛跑项目的名称。

跑过一英里的距离时，乌龟已经向前爬了半英里。兔子再跑完半英里时，乌龟又向前爬了四分之一英里。兔子再跑过四分之一英里时，乌龟又前进了八分之一英里……照此逻辑推理下去，兔子永远赶不上乌龟。双方的距离只会越来越小，但乌龟永远领先。

我们知道这个结论肯定是不正确的，但推出这一结论的逻辑却并不存在明显的错误。希腊人还找到了一种合乎逻辑的数学方法来证明 1 加 1 等于 3，以及其他各种奇妙的东西，很可能是因为爱琴海的好气候，让他们享受了太多的闲暇时光。

再看下面这个例子。狱卒对一个死刑犯说：说话！如果你说谎话，就绞死你；如果你说实话，就用剑刺死你。于是那个犯人说：我会被绞死！经过一番痛苦的讨论，狱卒们发现他们别无选择，只能释放他。

语言中充斥着无数我们只能忽视的矛盾。当被问及死后会发生什么时，得到的回答通常是："什么都不存在了。"

这种陈述看上去颇为合理，但正如我们在前一章所看到的，动词 "to be"（存在）与 "nothingness"（虚无）搭配在一起就很矛盾。人不可能是虚无。我们经常碰到 "be nothing"（什么都不是）或 "nothing"（不是什么）这些词语，都让我们麻木了，以为这些表达是有效的、合乎逻辑的，而实际上这并不是什么好理解的东西。

刚刚所有这一切都是为了说明需要对语言和逻辑形成适当的谨慎。**语言和逻辑都是用于特定目的的工具，需要能够清晰地表述内容**，例如像"请把盐递给我"这样的简单沟通。但每一种工具都有其用途和局限性。当发现一颗钉子从门框上凸出来，想把它钉回去，但翻遍了橱柜只找到一把钳子时，我们就会发现工具的局限性。因为我们真的很想要一个锤子，但又懒得花更多的时间去找，所以我们开始用钳子的外缘去敲钉子。结果，我们把钉子弄弯了，而不是把它钉进门框里，因为我们用错了工具。

逻辑和语言不是理解量子理论的正确工具。用数学当工具效果要好很多，但即便如此，数学也只向我们展示了量子理论是如何运作的，而没有说明为什么会这样。讨论没有可比性的事物时，逻辑也会失效。我们告诉朋友，在这个秋高气爽的日子里，天空看起来那么湛蓝，但这对天生失明的人来说是毫无意义的。人们需要体验过或与已知物进行比较过，才能使语言和思维起作用。

举个例子，假若有一件印有标准石原氏色盲测试图[①]的 T 恤，上面有很多浅淡色的小圆点。色盲人士只看到随机、毫无意义的图案，但其他人却能看到上面印了几个大字："去他的色盲。"

更深层次探索和解释宇宙的开始

涉及宇宙最深层次问题时，我们就是"色盲"。因为宇宙的整体，是所有自然和意识的总和，它没有可比性。因为没有其他类似宇宙的东西，宇宙也不存在于任何其他基质或背景中，所以我们的逻辑和语言缺乏有效理解宇宙、或将其视作一个整体的能力。

这种深刻的局限性原本是显而易见的，比如当人们问膨胀的宇宙将会膨胀到什么样时，就应该注意到这种局限性，但大部分人并不会去质疑。也许你很奇怪，明明每个人几乎都经历过语言无法表达或观念失效带来的挫败感。比如，意识到他们完全无法想象无限，无法想象永恒，也无法想象没有任何边界或中心的宇宙存在。一想到猫既不在屋内、也不在屋外，也不是部分在屋内、部分在屋外，我们的智力就陷入停滞了。我们知道答案是"其

---

① 石原氏色盲检测图是一种检测色觉障碍的方法，得名于它的发明者，日本东京大学教授石原忍。

他什么东西"，因为这种量子实验是可复现的，它们必定有自己的内在逻辑，但这逻辑并不与我们的逻辑相符。

抛开机械论和数学层面，这种语言局限性实际上存在于我们希望探索的宇宙的每一个整体层面。可以看到，人类进化出的大脑／逻辑机制是用来处理常见的宏观任务的，如订购奶酪汉堡或要求加薪，当我们试图掌握非常小尺度的行为或理解最大尺度的事物时，这些机制就不起作用了。这既是启示，又令人意外。

化学家如果只分别研究氯（一种毒药）和钠（一种遇水会发生爆炸反应的元素）的性质，就不可能猜到两者结合成氯化钠，也就是变成食盐后会表现出的性质。氯化钠遇水不会发生剧烈反应，还会很温顺地溶解在水里！这种意外得到的化合物，不仅不是毒药，还成了生命不可或缺的东西。可见，这种"更大的现实"不能仅从研究其组成部分的性质中推断出来。同样地，如果整体意识构成了一种元宇宙（meta-universe），那么就算我们有对其组成部分的研究，它也很可能具有无法预测的特性。

在这些关于生物中心主义的讨论中，总会遇到几个点让思维难以逾越，而这些障碍之外可能是更大的矛盾或更糟的虚无。在此，我们要强调的是，这绝不是证明生物中心主义错误的证据，就像大爆炸理论一样，不要因为它只是产生了难以理解的时间初始概念就要推翻它。没有人会说人类的诞生是不可能的，因为没有人知道新意识是如何"产生的"。神秘永远不会被反证。

说生物中心主义提出了难以想象的观点，听起来像是在推脱，就像一位结构工程师说他不知道拟建中的建筑是否会在强风中倒塌一样。谁会接受这样的说法呢？但正如我们所见，对整个宇宙的探索是一项本质上十分不同的事业，人类的逻辑系统显然从未被设计、或打算用于此目的，就像它在微小的量子领域完全失效一样。那颗钉子不听话，让我们烦恼不已，但我们只有钳子，所以必须充分利用它。

出于这个原因，读者受到的挑战远远超过大多数人的追求，除了考虑生物中心主义的逻辑和证据之外，还要考虑一些奇怪、无形的东西、一种"言外之意"，看看它是否在某种本能层面上是正确的。不是每个人都能在不熟悉的地方寻找到知识，就像你不会去随便翻开一块不动的石头。

只是这种困境并非刚刚出现。虽然生活中充满了切实的危险，比如酒吧斗殴、激情结婚，但很少有人会因为"感觉不对劲"而回避某些情况。相反，至今无人能解释爱——还没有其他任何体验能像爱这般激励人心。本能总是战胜逻辑。

生物中心主义和其他事物一样有自身的逻辑局限性，即便它对事物的本真之因提出了最佳解释。因此，不妨把生物中心主义看作是开始，看作是更深层次解释和探索自然和宇宙的大门。

生命大设计

创生

BIOCENTRISM

第14章　天堂里的坠落

存在就是被感知。

——乔治·贝克莱（George Berkeley），主观唯心主义创始人

我居住的这座 10 英亩（约 40 468.56 平方米）的岛屿，树木和花朵倒映在水面上，景色美得令人窒息。15 年前，我刚买下这座庭院时，里面长满了漆树和灌木丛，遮蔽了水和阳光。我住的那座小红房子破旧不堪。记得有一天，一个卡车司机把一些灌木和树卸下来，我当时正穿着工作服，身上沾满了挖坑留下的泥土。司机转身对我说："这房子的主人显然在植物和景观上花了很多钱。我不知道他为什么不把这个破坑填埋掉，再盖一座新房子。"

这座庭院的入口曾经是个泥坑，现在则是一个葡萄园，一条狭窄的鹅卵石路消失在堤道后面。我种植数百棵葡萄树，铺垫数千块鹅卵石，付出了艰辛的劳动。从池塘的对面看，这座复式建筑闪耀着白色的光芒，三层楼高的塔楼周围环绕着望海平台，平台上铜制的圆穹顶反射着阳光。一些天鹅、鹰、狐狸和浣熊都在岛上安了家，甚至还有一只肥胖得像狗一样大小的土拨鼠。

不过，要是没有丹尼斯·帕克（Dennis Parker）的帮助，我是做不成这个园林的。帕克是一名在镇上长大的当地消防员。我们栽种的一些树木现在已经超过 25 英尺（约 7.62 米）高了。刚栽下紫藤时它只有几英尺高，现在

却把我们多年前为它建造的 35 英尺（约 10.67 米）长的凉亭罩得透不过气来。这座庭院的两栋房子与一个温室相连。温室已经变成了一片过度生长的热带雨林，你需要一把大砍刀才能穿过棕榈树和白花天堂鸟①，因为空间不足，它们被挤压到 16 英尺（约 4.87 米）高的天花板上。

红色"危险"警报

丹尼斯就住在温室的另一边。他和他的八个兄弟姐妹在当地公房区②长大。1976 年，丹尼斯加入了克林顿消防队，攒了足够的钱后，他支付了一套房子的首付，全家搬了进去。毫无疑问，丹尼斯坚忍不拔，但有时也很难相处，这就是为什么他对周围人的关心如此深切。在超过 25 年的时间里，帕克队长做了消防员应该做的所有事情：一辆小汽车破冰坠入池塘时，他穿上潜水装备跳入水中，从被淹没的汽车中拉出一个人。而他大多数日子都没有那么引人注目，比如接到一个从老年公寓打来的电话，一位老妇人烤苹果派时溢出的烟味触发了火警。这位女士深感歉意，她就让女儿去消防站，将一盘苹果派送给丹尼斯和其他的队员吃。

大约 3 年前，我问丹尼斯能否帮我砍掉一棵树上的一根树枝。那根树枝离地面近 25 英尺，丹尼斯很有兴致，何况他还是爬梯子灭火的高手，有时还上树救猫。那是星期五下午晚些时候，他开始用电锯切割树枝。"丹尼斯，"我对他说，"当心啊！我们随便弄弄，开心就好，我可不想在急诊室过夜。"我们都笑了起来。几秒后，我看到那根巨大的树枝开始摆动。刹那间，树枝就像棒槌一样砸向丹尼斯，他的头部立刻大出血。他从空中翻滚下落时，我发出撕心裂肺的尖叫："丹尼斯！"

① 其属名鹤望兰。
② 常由政府为贫困家庭建造。

但回应我的是他的身体落地时发出的巨大而可怕的"砰砰"声。电锯还在转着，但丹尼斯像个布娃娃一样软软地覆盖在树枝上，舌头耷拉在嘴外，眼睛肿胀翻白。

丹尼斯是我最要好的朋友之一。现在他就在那里，双臂无力地垂在树枝上，既没有脉搏，也没有呼吸。"哦，上帝，"我说，"千万别真的死了。"我想丹尼斯的大脑在没有氧气的情况下可以存活几分钟，所以我没有对他进行心肺复苏，而是冲进房子拨打了"911"。

最后，丹尼斯又开始呼吸了，并能移动一侧的几根手指。他们开车送丹尼斯去医院时，我坐在救护车的前排座位上。那条路本来要重铺的，结果就是丹尼斯在神志不清的情况下，还会因为每次颠簸而发出痛苦的尖叫，就像恐怖电影里的场景一样。检查的时候才发现，原来除了全身骨折外，他手腕的骨头也被下落的主枝砸碎了，医护人员使出浑身解数压住他的手腕，才使他好受些。

医护人员把丹尼斯的牛仔裤剪掉，给他插上了输液管，之后他就被空中救护飞机送往马萨诸塞大学医疗中心。因为我是医生，他们允许我进急诊室。医疗中心人手不足，而且天黑之后，其他救护航班陆续抵达，情况变得混乱起来。有一次，监测丹尼斯生命体征的设备上响起了红色的"危险"警报，但医护人员顾不过来，因为要照顾另一个刚刚昏迷的患者。我听到护士打电话给重症监护室请求帮助，"还有两架救护航班正在赶来，"她说，"我们无法救治他了。"但问题是，等了五个多小时之后，他们还是找不到内勤人员来换重症监护病房空床上的脏床单。

如果现实由意识创造……

丹尼斯躺在急诊室的角落里，徘徊在生与死的边缘，我走到候诊室，告诉他的家人所发生的事情。这是我第一次看到丹尼斯全家聚在一起。我走进房间时，他的家人全冲过来问我他怎么样了。我告诉他们，医生还不清楚他是否能挺过去。我还没说完这句话，就看到丹尼斯13岁的儿子本开始抽泣起来。本的姐姐是我见过的最坚强的人，也几乎崩溃。

有那么一会儿，一切似乎都变得不真实，我感觉自己像一个无所不知的大天使，超越了时间的限制。我一只脚站在被泪水包围的现实中，一只脚回到生物学的池塘边，面朝太阳。我想到了那个看见萤火虫的夜晚，想到了每个人、每一种生物是如何由多个物质现实的域组成的，它们穿过自己创造的空间和时间，就像幽灵穿过房门一样。我也想到了双缝实验，电子同时穿过了两个狭缝。我不会怀疑这些实验的结论。从更大的角度来看，丹尼斯既活着又死了，在时间之外。

几周前，差不多是丹尼斯从树上摔下来3年后，他的儿子本参加了一场足球比赛，他现在是高中足球队的成员。本持球触地得分后，看台上的家长们都为之疯狂起来。本知道，爸爸也会为他感到骄傲。

本刚满十六岁时，他心里当然惦念着一件事儿，就是拿到驾照后要开什么车。丹尼斯曾告诉过本，他会得到那辆老爷车，里程表上显示已开了将近20万英里（约32千米）的"探索者"。"老爸，"本问，"你不会要把'探索者'给我吧？"昨晚在本的生日派对上，丹尼斯给了本一个惊喜，他把自己的车钥匙给了本，这车有各种各样的功能选择，甚至还有加热座椅。这不，本现在正在外面洗车呢。

我们目前的科学世界观没有给那些害怕死亡的人指出希望所在。但生物中心主义暗示了另一种选择：如果时间是一种幻觉，如果现实是由我们自己的意识创造的，那这种意识真的会消失吗？

第 15 章

搭建现实世界的积木

生命的本质是要有勇气去面对未知。

——梭罗（Henry David Thoreau）《瓦尔登湖》（*Walden*）

我刚刚发表了一篇科学论文，首次表明眼睛里有可能生成一种重要的细胞，可以用来治疗失明。第二天早上，我像往常一样很晚才去上班，所以在进入停车场入口时，速度确实比规定的每小时 15 英里（约 24 千米）要快得多。我踩了几下刹车，绕过一辆停下来盘问行人的警察巡逻车，大约就在那一刻，我感觉肾上腺素在飙升。"真不走运，竟然是辆警察巡逻车。"

我确信自己就要被抓起来了。我继续往停车场里开，把车子停在远处的角落里，希望警官太忙，不会注意到我，也不会来追我。匆匆走进大楼的时候，我的心还在狂跳不止。"谢天谢地，"我扭头看了一眼，心想，"没有警察在追。"

安全进入办公室后，我平静下来，开始工作，这时，我听到敲门声。是为我工作的资深科学家之一——钟扬（Young Chung）。"兰札博士，"他的声音里透着惊慌，"接待处有个警官要见您。他带着手铐和枪。"

我走出去迎接那个穿着制服的警察时，实验室里有点骚动。我想，同事们是在担心警察会给我戴上手铐，把我带走。"兰札博士，"他严肃地说，"我们能到你的办公室谈谈吗？"

"一定很糟糕。"我心想。但一到我的办公室，那个警察就道歉了，并问我是否有时间和他谈谈他刚刚在《华尔街日报》上读到的突破性进展。其实刚刚他在停车场拦住行人，就是在问我们医院在哪儿。他解释说，他是一个家长小组的成员。家长们通过互联网相互交流可能对他们孩子有帮助的医学新突破。得知他和我碰巧在同一座城市——马萨诸塞州伍斯特市时，他代表这个小组的家长成员们前来与我会面。

原来，他十几岁的儿子患有严重的退行性眼疾，医生预计他几年后就会失明。他还告诉我，他的一个亲戚也在差不多这个年龄的时候患上了这种病，现在已经完全失明了。他指着我办公室地板上的一个盒子说："现在，我儿子还能辨认出盒子的轮廓。但时间不等人……"

神经元：观察者决定的世界之基石

他的故事讲完时，我的眼泪几乎夺眶而出。尤其是当我知道我保存了可以帮助治疗他儿子眼疾的冷冻细胞时，我的心情不能平静。这些细胞已经在冰箱内的一个盒子里放了九个多月了。我们缺少进行动物实验所需的2万美元（这是军队有时为一把锤子支付的钱），更不幸的是，还需要一两年的时间，我们才能有足够的资源证明这些细胞（与用于患者的人类细胞相同）是否能够挽救动物的视觉功能，否则它们就会失明。

事实上，该种细胞在改善视觉表现，即视觉清晰度上，比未接受治疗的对照组好100%，而且没有任何明显的不良反应。在本书撰写过程中，我们与美国食品药品监督管理局（FDA）展开对话，准备在视网膜退行性疾病，包括黄斑变性患者中开展实际的临床试验。

这些细胞还有一个方面比预防失明更令人惊奇。在与这些视网膜细胞相同的培养皿中，还可以看到感光细胞，也就是视锥和视杆的形成，甚至还能看到微型的"眼球"，它们看起来就像是在显微镜筒上盯着你看。在所有这些实验中，我们都是从胚胎干细胞，即人体的主细胞开始的。几乎在默认情况下，胚胎干细胞自发地产生各种神经细胞。感光细胞是胚胎干细胞想要制造的第一种人体细胞。事实上，我在实验室里看到一些神经元有成千上万的树枝状突起（dendritic processes）。神经元通过树枝状突起与相邻的细胞进行通信，其量如此之大，需要拍十几张不同的照片才能捕捉到一个细胞的图像。

从生物中心的观点来看，这些神经细胞是实体的基本单位。它们是大自然在不受干扰时最想创造的东西。神经元，而非原子，才是由我们观察者决定的世界的基石和根基。

大脑中这些细胞的回路包含了空间和时间的逻辑。他们与大脑的神经相关，与周围神经系统和身体的感觉器官相连，包括生长在培养皿中的感光细胞。因此，神经元包含了我们所能观察到的一切，就像看电影时，DVD 播放器会向电视屏幕发送信息一样。当我们观察印刷在书上的文字时，似乎一尺远的纸张并没有被感知到，因为它就包含在这个神经回路的逻辑之中，而纸张、图像本身就是感知。一个相关的现实包含了一切，只有语言提供了外部与内部、那里与这里之间的区分。这个由神经元和原子组成的基质是在心智的能量场中形成的吗？

用意想不到的工具理解宇宙本质

几千年来，人们一直试图理解宇宙的本质，但这是一项非常奇怪、不确定的任务。科学目前是我们的主要工具，但帮助有时可能会来自意想不到的地方。

我记得那是一个非常平常的日子，别人不是还在睡觉，就是已经在医院里进行晨间查房了。"没关系，"我一边想，一边往杯子里倒咖啡，蒸汽在厨房的窗户上凝结成了冰晶，"我已经晚了。"我刮下一块冰晶，透过这片清晰的区域，我看到道路两旁的树木。清晨的太阳斜射下来，把光秃秃的树枝和一小片枯叶照得闪闪发光。这一幕给人一种神秘感，你可以强烈地感觉到，有什么东西隐藏在背后，某种科学期刊上没有解释说明过的东西。

我穿上白大褂，不顾身体的抗议，迈步向大学走去。当我漫步走向医院时，突然生起一种好奇的冲动，想绕着校园的池塘走走。

也许我不想错过这奇异早晨的美好时光，毕竟稍后要看到的还是那些刺目、刻板的东西，那些不锈钢机器、手术室里明亮的灯、急救氧气瓶、示波器上的光点。也正因如此，当医院里的人们正忙得团团转、喊喊喳喳吵嚷个不停的时候，我才驻足池塘边，沉浸在无人打扰的宁静和孤独中。想必梭罗会赞同我的选择。他一向把早晨看作是愉快的邀请，让他的生活变得简单。他写道："诗歌和艺术，以及人类最美丽、最难忘的行为，都从此刻开始。"

在寒冷的冬日俯瞰池塘，看着光子在水面起舞，就像马勒第九交响曲中跃动的音符，这体验多么令人欣慰啊。有那么一瞬间，我的身体不再受到各种因素的影响，我的心灵也像我一生中从未有过的那样和大自然融为一体。这真是一个非常小的插曲，却很有意义。在那种不露声色的平静中，我看到了蒲草和香蒲以外的东西。我感受到了大自然，就像洛伦·艾斯利和梭罗感受到的那样。我绕着池塘走了一圈，然后向医院走去。早晨的查房已经接近尾声。一个垂死的女人坐在我面前的床上。病房外，池塘上方的树枝上传来一只鸣禽的唧啾声。

后来，我回想从那小小的冰晶洞窥见的清晨，思索那个我无法得到的更深层次的秘密。"我们太满足于我们的感官。"洛伦·艾斯利曾这样说。仅通过神经末梢看光子的跳跃是不够的。"以人的眼光去看是不够的，哪怕看到了宇宙的尽头也不够。"射电望远镜和超级对撞机也只是扩展了我们的思维。

我们眼中只有完成了的作品，却看不到整体事物中相辅相成的关系，除非在 12 月某个美好的早晨，当所有的感官都与自然融为一体时，也许有那么 5 秒的时间。

当然，物理学家们不会理解这种意义，就像他们无法看到量子现实方程式背后的东西一样。这些是在 12 月的某一天，站在池塘边，将心灵与整个自然融为一体时的变数，它们就潜藏在每一片树叶和细枝的后面。

科学家观察这个世界太久了，久到不再挑战现实。正如梭罗指出的，我们就像印度教徒，想象世界坐在大象的背上，大象坐在乌龟的背上，乌龟坐在蛇的背上，而蛇身下一无所有。我们所有人都站在彼此的肩膀上——全部站在虚空之上。

对我自己来说，冬天早晨的 5 秒是我最需要的、最有说服力的证据。正如梭罗谈及瓦尔登湖时所说：

> 我是它的圆石岸，
> 飘拂而过的微风；
> 在我掌中一握的，
> 是它的水，它的沙……

生命大设计

创生

BIOCENTRISM

第16章

宇宙到底是什么

生存还是毁灭，这是一个值得思考的问题。

——莎士比亚《哈姆雷特》（*Hamlet*）

本书最后几章探讨宇宙的组成和结构。人类竟然有能力探讨这个问题，实在令人惊异。某天，我们每个人突然发现自己居然活着，并且有意识。大多数情况下，人们在两岁左右开始，就对选择的信息输入记录开始保持连续的记忆。

事实上，多年前我和B. F. 斯金纳[①]（B. F. Skinner）进行了一系列实验，成果发表在《科学》（*Science*）杂志上。这些实验表明，即使是动物也有"自我意识"的能力。在童年的某个时刻，多数人都会问自己："嘿！这是什么地方？"对我们来说，仅有这种意识是不够的，我们还想知道为什么存在、存在是什么以及存在的方式是怎样的。

还是孩童时，我们就被各种相互矛盾的答案轮番轰炸。教会说的是一套，学校说的又是另一套。现在虽是成年人了，讨论"万物的本质"时，我们还是会根据个人的倾向和情绪，将学校和宗教的说法混为一谈，当然，这也正常。

[①] 美国著名行为主义心理学家。

不过，将科学和宗教结合起来的尝试，多少让我们内心有点挣扎。例如，观看天文馆的圣诞节目《奇迹之星》（*Star of Wonder*）时，它声称要为伯利恒之星（the Star of Bethlehem）找到符合逻辑的解释。在畅销书《物理学之道》（*The Tao of Physics*）和《像物理学家一样思考》（*The Dancing Wu-Lei Masters*）中也能看到，它们旨在表明现代物理学和佛教有着相似的含义。

不过这些作品再受欢迎，它们的内容也是无稽之谈甚至是垃圾。真正的物理学家坚称，《物理学之道》并没有探讨真正的科学，都是一些花拳绣腿的假把式。因为所有的天文馆馆长都知道，天空中没有任何自然物体，无论是天体合体、彗星、行星还是超新星，都不能这么刚巧在伯利恒或其他什么地方的上空发生。只有北方天空中的北极星，才能看起来一动不动。

一句话：所有解释都不成立。天文馆长们知道这一点，但还是提供了这样的节目，因为这是 75 年以来备受欢迎的节日传统。与此同时，在宗教方面，又会告知那些认可"圣星"故事的人，说根本没有奇迹发生，只是一些行星在恰当的时间一起出现，并在天空中停住，仿佛那不是奇迹一样。

因为科学和宗教总是同床异梦，其后代通常都是畸形的，所以我们就要让它们适当分开。关于存在的几个最基本问题：宇宙是什么？生命与非生命的关系是什么？大电脑①的基本操作系统是随机的还是智能的？能被人类的头脑所理解吗？

我们总结了人们普遍接受的一些答案，其中的每一种观点都竭力自圆其说。然后，再来看一下所选择的、重点强调的领域是否得到了最起码的成功解答。

---

① 20 世纪 60 年代著名的瑞典物理学家汉尼斯·阿尔文（Hannes Alfven）以笔名奥罗夫·约翰尼森（Olof Johannsson）写了一本名为《大电脑》（the Great Computer）的书。他在书中从未来的某个时间回顾了计算机的起源和发展简史，并讲述了它们对地球生命的后续统治。

大爆炸创造的世界

一切都始于 137 亿年前,整个宇宙从虚无中出现。此后宇宙一直在膨胀,先是快速,然后越来越慢。大约在 70 亿年前,由于一种未知的斥力,膨胀再次开始加速。这种斥力是宇宙的主要构成部分。所有结构和事件都是完全随机产生的,给定四种基本力和一系列参数和常数,如万有引力。

地球上的生命起源于 39 亿年前,而其他地方的未知时间也可能出现过生命。生命也是由分子随机碰撞产生的,分子又是由 92 种自然元素中的一种或多种元素组合而成。生命中的意识或觉知是如何产生的,至今仍神秘未解。

经典科学对基本问题的解答

- 宇宙大爆炸是如何发生的?

  不知道。

- 什么是宇宙大爆炸?

  不知道。

- 宇宙大爆炸之前,有什么东西存在吗?

  不知道。

- 暗能量作为宇宙中占支配地位的实体,它的本质是什么?

  不知道。

- 暗物质这种第二大普遍存在的实体的本质是什么?

  不知道。

- 生命是如何出现的?

  不知道。

- 意识是如何出现的?

  不知道。

- 意识的本质是什么？

  不知道。

- 宇宙的最终结果是什么？比如说，它会继续膨胀吗？

  似乎是的。

- 常数的成因是什么？

  不知道。

- 为什么正好有四种性质的力？

  不知道。

- 人的肉体死后，其生命还会有进一步的体验吗？

  不知道。

- 哪本书能给出这些问题的解答？

  还没有这样的书。

好吧，那么科学能告诉我们什么？它能告诉我们好多——图书馆里就装满了知识。所有知识都与各种物体的分类和子分类有关，比如生物和非生物，以及它们的属性分类；比如钢与铜的延展性和强度，以及各种运作过程；比如星星如何诞生，病毒如何复制等。简而言之，科学致力于发现宇宙中的性质和过程。如何将金属制成桥梁，如何建造飞机，如何进行整形手术——在使我们日常生活更轻松、更容易的方面，科学确实是无与伦比的。

因此，那些要求科学提供最终答案或解释"存在"的基本原理的人找错了地方，这就像要求粒子物理学来评价艺术一样。然而，科学家们并不承认这一点。比如宇宙学这样的科学分支，表现得就像是科学真的能解答基本领域的深层问题一样，它在其他领域的成功也让我们所有人都说："加油！试一试吧！"但到目前为止，它几乎没有取得任何成功。

无所不知的神与他们的造物

世界上有很多宗教，我们不打算深入探讨它们的区别。世界上存在着东西方两大宗教流派，它们各自都有数十亿信徒。两大宗派的观点和既定目标截然不同，在此我们分开讨论。

西方宗教

宇宙完全是神（上帝）创造的，神与众不同。宇宙有明确的诞生日，也会有终结日。生命也是神创造的。生命最重要的目的有两个：信仰神和服从神的戒律，人们可以通过祈祷与神联系。此处没有提到其他的意识状态，也没有提到意识本身，更没有提及找到终极现实的直接个人体验，这种崇高的状态在某些神秘教派中，一般被称为"人神合一"。

西方宗教对基本问题的解答

- 上帝是如何出现的？

  不知道。

- 上帝是永恒的吗？

  是的。

- 基础科学探究的是什么？例如，宇宙大爆炸之前发生了什么？

  这与精神无关；上帝创造了一切。

- 意识的本质是什么？

  从未讨论过；不知道。

- 死后的生命还有体验吗？

  是的。

东方宗教

万物本质皆为一体。实体的真正本质是存在、意识和极乐。个体独立形式的外观是虚幻的。"一"是永恒的、完美的，它毫不费力地运作。

生命的目标是通过直接的狂喜体验，去除虚幻和分离的感觉，从而感知宇宙的真相。

东方宗教对基本问题的解答

- 什么是宇宙大爆炸？

  无关紧要。时间不存在；宇宙是永恒的。

- 意识的本质是什么？

  从因果来看，意识不可知。

- 在肉体死后，生命的体验是否依然存在？

  是的。

生物中心主义提供的解答

在生命和意识之外，没有独立、外在的宇宙。未被感知的真实根本就不存在。从来就没有过所谓的"一段时间"，让一个外在的、静默的物理宇宙存在，或者让生命在"之后的某一天"中随机地诞生。空间和时间只是作为头脑的构建，作为感知的工具而存在。观察者影响实验结果，很容易用意识和物理宇宙的相互关系来解释。自然或思维都不是真实的，两者是相互关联的。

回顾一下我们已经确立的七个原则：

生物中心主义第一原则：我们所感知的现实是一个涉及我们意识的过程。"外部"现实如果存在的话，根据定义，必须存在于空间的框架中。但空间和时间不是绝对的现实，而是人类和动物思维的工具。

生物中心主义第二原则：我们的外部感知和内部感知密不可分。外部感知和内部感知是同一枚硬币的两面，彼此不能分离。

生物中心主义第三原则：所有粒子和物体的行为与观察者的存在密不可分。如果没有有意识的观察者，它们至多只能以概率波的不确定状态存在。

生物中心主义第四原则：没有意识，"物质"处于不确定的概率状态。任何可能先于意识的宇宙都只存在于概率状态中。

生物中心主义第五原则：宇宙的精密安排只能通过生物中心主义来解释。宇宙是为生命做微调的，因为是生命创造了宇宙，而不是宇宙创造了生命。宇宙只不过是一个完整的自我时空逻辑。

生物中心主义第六原则：时间在动物感知之外并不真正存在。时间是人类感知宇宙变化的工具。

生物中心主义第七原则：空间是动物感知的另一种形式，没有独立的现实。我们像乌龟背着壳一样随身携带空间和时间。不存在绝对自存的介质，允许独立于生命的物理事件发生在其中。

将宇宙作为整体来思考可能徒劳无功

- 是什么创造了大爆炸？

在意识之外，从未存在过"无生命"的宇宙。"虚无"是一个毫无意义的概念。

- 岩石和生命，哪个先出现？

  时间是动物的一种感知形式。

- 宇宙是什么？

  是一个发展中的、以生命为基础的主动过程。

宇宙的概念让人联想到教室里使用的地球仪。地球仪是一个可以让我们把地球作为一个整体来思考的工具。但只有在你去了科罗拉多大峡谷或泰姬陵时，它们才是真实的。拥有地球仪并不能让你能真正到达北极或南极。同样，宇宙这个概念是用来代表空间和时间体验中理论上可能存在的一切，就像一张 CD，只有当你播放其中一首歌曲时，音乐才会跃入现实。

生物中心主义可能引发的问题是唯我论（solipsism），即"万物归一"，单一的意识遍及一切，个体的表象只是相对的真实，而不是本质的真实。本书作者并不固执己见，而是认为这种真实可能有，也可能没有。当然，不同的生物体有很强的外观或真实性，每个生物体都有自己的意识。在世界各地，"万物存在"观点压倒性地支配着公众的信仰，接受任何与此相悖的观点都很疯狂。

在此仍然要不厌其烦地提示，"万物归一"可以从每个学科中窥见，正如无数常数和物理定律的普遍适用性那样。曾拥有过"天启体验"的人，即使他们不同文化背景、不同历史时期，都坚称这种感觉毋庸置疑表明"万物归一"。我们能确信的只有我们的感知本身，而非其他。如果唯我论成立，那么量子理论的 EPR 悖论中的连通性，即距离很远的物体仍然紧密相连也完全说得通。

因此，我们偶尔产生的主观体验、神秘天启、物理常数和定律的统一、纠缠粒子现象和某种动人的美学（爱因斯坦非常珍视的那种美学），都暗示着这种潜在的统一性。事实上，统一性是物理学家孜孜不倦寻找大统一理论的幕后"沉默引擎"。无论如何，这可能是真的，也可能不是。如果是真的，那就证明了生物中心主义。如果不是，那也没什么关系。

回顾各种各样的世界观，很明显，生物中心主义与以往的模式不同。生物中心主义与经典科学的共同点在于对大脑进行多方研究，进一步科学地理解意识。此外，实验神经生物学的许多研究也有助于扩大我们对宇宙的把握。另一方面，生物中心主义与东方宗教也有一些相似之处。

生物中心主义也许是最具价值的，它可以帮助我们判断在哪些领域不用浪费时间，因为生物中心主义表明，将宇宙作为整体来理解可能是徒劳无功的。"万物理论"，包括弦理论在内，不考虑生命或意识，最终必将走向死胡同。严格以时间为基础的模式，比如宇宙大爆炸，再研究下去也不会得到满意的结果。

反过来说，生物中心主义绝不是反科学的，致力于过程或技术飞跃的科学在其限定的努力领域内稇载而归，只是那些需要提供深刻或终极答案的科学，如果想取得成功，最终必要回归到某种形式的生物中心主义上来。

生命大设计

—— 创生

BIOCENTRISM ——

第17章	科幻成真

大胆地去没有人去过的地方。

——吉恩·罗登贝瑞（Gene Roddenberry）《星际迷航》电视剧开头语

　　用一种新的方式来构想宇宙，总是意味着与现有文化思维的惰性作斗争。多亏了书籍、电视和现在的互联网，我们都拥有像病毒一样传播的思维方式。大多数人对现实的看法一般起源于几个世纪前，较为粗略，直到20世纪中期才稳定成现在的形态。在此之前，宇宙一直或多或少按现在的形式存在着，也就是说，宇宙是永恒的。这个稳态模式在哲学上很有吸引力，但在1930年埃德温·哈勃（Edwin Hubble）宣布宇宙膨胀后开始动摇，1965年发现宇宙微波背景辐射后，该模式就更站不住脚了。二者都强有力地指向了宇宙诞生之时的大爆炸。

　　大爆炸意味着，宇宙有诞生之日，也就必然会有消亡的一天，即使谁也不知道这是否只是时间无限循环周期中的一次爆炸，或者是否在其他宇宙同时存在。因此，也无法证明宇宙永恒是错的。在当前模式出现之前，较早的神性宇宙曾被更巨大的变化所替代，当时认为宇宙运作完全出自上帝或诸神之手，且由无生命的东西构成，唯一的有生气的力量是随机行为，就像从山坡上滚落的砾石一样。

然而，在这过去的一切中，总有一些被人们普遍接受的观点，即去何处寻找宇宙的构成成分、生命与非生命之间的关系，以及宇宙的总体结构。例如，自19世纪早期以来，科学家和公众都认为生物只居住在天体表面甚至是月球表面上。到19世纪中期，包括威廉·赫歇尔（William Herschel）在内的许多著名科学家都认为，"很可能"有类生物居住在太阳表面，受到太阳第二层内部的绝缘云层保护，因此免受灼热发光云的影响。

科幻小说家们抓住了19世纪人们对地外生物的这种痴迷，大加发挥，源源不断地创作出"火星人入侵地球"之类的小说。这些小说最终向新娱乐媒介渗透，从书籍和杂志连载到广播和电影，最后再到电视。

科幻作品塑造大众对宇宙的认知

这样的小说作品在塑造文化心态方面有巨大的影响力。儒勒·凡尔纳（Jules Verne）等作家在19世纪写下人类登月的故事之前，"登月"这一概念还太过荒诞，难以广泛传播。但到了20世纪60年代，载人太空旅行已经成为常见的科幻主题，很容易向公众推销。在肯尼迪、约翰逊和尼克松政府时期，公众欣然同意拿出纳税人的钱将其变成现实。

因此，科学和科幻小说（不是宗教或哲学）往往是大多数公众想象宇宙结构的主要手段。到了21世纪初，大家几乎都相信这样的说法：一切都起源于很久以前的一场大爆炸，时间和空间是真实的，星系和恒星都相当遥远，宇宙本质上就像砾石一样静默，随机性主宰着一切。更确切的观点是，每个人都是独立的、面对着外在现实的生命体，生命体之间没有实质性的相互联系。这些就是当代有关现实的主流模式。

1960年以前的早期电影中，科幻电影几乎总是局限于这种现有的思维模式。在电影中呈现外星人，仍然是最受欢迎的主题之一。外星人往往来自其他行星表面。在外观上，影视要求外星人类似人形，如《星际迷航》（*Star Trek*）中的克林贡人（Klingon），最好会说话，而且是用我们的语言，甚至是我们的方言，因为屏幕过度静默是影视大忌，很难让人们保持对电影的兴趣。如果影片中的外星生物只是一团团光影，那么它们在屏幕上只会一晃而过。

一些受欢迎的外星人电影情节包括人类爱上了非人类，如《太空堡垒卡拉狄加》（*Battle-star Galactica*）中，人类爱上了漂亮的赛昂人（Cylons），电视剧《莫克和明迪》（*Mork & Mindy*）中也是，或者是电影中的孤胆英雄和可爱的不合群者，他们会是唯一知道外星入侵或能够拯救世界的人。

一般来说，科幻小说中的外星人都怀有邪恶动机，来者不善，无意将人类从频繁的战争或徒劳的长期节食等毁灭性趋势中拯救出来。在过去的 20 年里，另一个情节开始反复上演：人类与失控的机器作战。任何曾与不听使唤的割草机干仗的人都会联想到反机器的主题，而且可能对各种新奇装置开始怀有某种程度的厌恶（如图 17-1）。

图 17-1　科幻作品里的场景

在《终结者》（*Terminator*）系列《机械公敌》（*I, Robot*）和《黑客帝国》（*Matrix*）三部曲中，这种情节已经到了陈词滥调的程度，而且还没有结束的迹象。结果是，现在每个人的潜意识里都觉得"机器人很糟糕"，所以未来的设计师面临的真正挑战是，如何让机器看起来既顺从又愚鲁，对人类不会造成伤害。

其余大部分科幻小说的情节屈指可数。有"宇航员在太空中失踪"，有可能毁灭地球的瘟疫，还有以邪恶的美国政府为主题的。在这类作品中，无论发生什么，都是因为某个秘密项目出了纰漏，或者是某个脱离美国的间谍搞阴谋诡计，又或者是军事机构进行未经授权的危险实验。

在 1955 年以前的科幻作品中，我们没有看到任何对现实本身的描述，也没有看到任何可能对主流世界观产生怀疑的真正原创。外星人是来自某个星球的生物，但它们从来不是行星本身或能量场。宇宙被描绘成巨大的外在空间，而不是内部的，它各部分也互不关联。生命永远是有限的，时间永远是真实的，事件的展开完全是因为机械事故而非任何先天的宇宙智慧。完全与观察者影响无生命物体的任何量子作用无关。

1960 年左右， 情况开始发生转变，特别是在《索拉里斯星》（*Solaris*）这部作品中，描述这颗星球本身就有生命。随之而来的是 20 世纪六七十年代的迷幻剂革命（psychedelic revolution）及其产生的极富想象力的结果，公众更多地接触到了前卫的科幻作家，如亚瑟·查尔斯·克拉克（Arthur C. Clarke）和厄修拉·K. 勒古恩（Ursula K. Le Guin）的作品。此外，人们也突然对东方哲学产生了兴趣。

时间旅行主题复兴催化反传统思维

对宇宙本质的传统思维方式的摒弃，可能始于老式的时间旅行主题的复兴，该主题一直为观众津津乐道。直到 20 世纪 60 年代，这种时间旅行还只是意味着进入美国或英国人生活中不同时期的一次远游，这一主题今天仍然很流行，如《回到未来》（*Back to the Future*）系列电影，或者如威尔斯（H.G. Wells）的《时间机器》原版及翻拍版的故事。通常涉及时间的影视并不涉及旅行，只是将未来时代作为故事背景，故事一般与社会主题相结合，如《逃离地下天堂》（*Logan's Run*）。

现在回到生物中心主义这个主题上来，质疑时间有效性的电影在 20 世纪 70 年代才开始出现。在改编自天文学家卡尔·萨根同名畅销小说《超时空接触》（*Contact*）的电影中，我们享受到了相对论的乐趣。影片中，对进行实验的科学家来说只有一眨眼工夫的时间，而朱迪·福斯特（Jodie Foster）饰演的旅行者却在另一个世界经历了数天的冒险。时间在这里就是不确定的东西。有些电影就是以时间为主题的，如《佩姬苏要出嫁》（*Peggy Sue Got Married*）。在这部电影中，一个成年人重新体验了童年。这样的主题让"时间"成为可疑的不值得信赖的观念，这样的观念越发渗透到公众的头脑中。

同样进入科幻小说词典的还有基于意识的现实概念。《记忆碎片》（*Memento*）和《罗拉快跑》（*Run, Lola, Run*）展示了主人公处理多个时间层次的场景，还纳入了量子理论的多世界诠释。尽管电影呈现的连续结果并没有解释其物理背景，但一切皆有可能发生，即使我们只意识到这一切可能中的一个。

因此，在公众的头脑中已经有了能够接受生物中心主义的条件，即可以接受一切都只存在于人们的脑海中，宇宙并不在别处。

尽管生物中心主义的观点迄今在学校科学、宗教或普通人的思维中都不存在，但最近它的一些信条逐渐浸漫到科幻小说中，使人们对其全然陌生、排斥其陌生体验的感觉有所减少。据说，流行笑话会像病毒一样自我复制，在社区中传播，不受任何人的操纵或控制，就好像它们有生命一样。突破性的想法通常也是如此，不仅悦耳易记，而且具有感染力，即传染性。因此，当伽利略发现根本没人愿意亲自用他的望远镜去看一眼，看看地球并不是所有运动的静止中心时，便怒不可遏。这多少是因为这个概念还没有达到可以自我复制的"传染"水平。

比较而言，与生物中心的观念共鸣的科幻小说得到了很大普及，生物中心主义的时代也许很快就会到来。一些特立独行的科幻作家们突发奇想，要探索陌生的、崭新的现实时，他们还没真正明白——现实是纠缠的，还是因为现在的决定而导致过去发生变化，或者现实就是生物中心主义本身。这个循环将由科幻迷们用某种真正的创见来完成。成功孕育成功，新思想可能会迅速渗透到集体意识中，就像不久前流行的时空旅行一样。而且，不知不觉间，我们发现自己正身处一个全新的思维时代。

这一切都源于我们人类对科学和虚幻宇宙的憧憬。

意识之谜

意识到我们正在感知，就是意识到我们自身的存在。

——亚里士多德 (Aristotle)

　　意识是生物中心主义的关键信条之一，它给科学带来了最深层次的问题。没有什么比意识体验更熟悉，也更难解释的了。澳大利亚国立大学的意识研究员大卫·查尔默斯（David Chalmers）表示："近年来，各种各样的精神现象都屈服于科学研究，唯独意识顽强抵抗。许多人试图对此做出解释，但这些解释似乎都不太尽如人意。有些人倾向于认为这个问题很棘手，无法给出合理的解释。"

　　关于意识的书籍和文章不断涌现，其中一些标题华而不实，如塔夫茨大学的研究员丹尼尔·丹尼特（Daniel Dennett）于 1991 年出版的《意识的解释》（*Consciousness Explained*）。他采用了他称之为"异现象学"（heterophenomenological）的研究方法，他没有将内省的报告作为解释意识的证据，而是作为需要解释的数据，他认为"思维是不受监管的、并行处理的涌现式聚集"。

　　不幸的是，大脑在处理工作时，似乎确实同时使用多种途径来处理视觉等简单任务，但丹尼特对意识本身的性质好像也没有得出任何有用的结论，尽管这本书的标题看起来像那么回事儿。就在这部冗长的著作的尾声里，丹尼特才如梦方醒似的承认，意识体验完全是个未解之谜。难怪其他研究人员把这部著作称为"忽视意识"之作。

与丹尼特类似的研究人员很多，他们对主观体验的所有核心奥秘不予理睬，只关注意识中最肤浅或最容易解决的方面，即那些容易受到认知科学标准方法影响的方面。这些方面大多可以用神经机制和大脑结构来解释。

丹尼特的批评者之一，查尔默斯把"简单意识问题"描述为包括解释以下现象的问题：

- 对环境刺激做出识别、分类和反应的能力
- 通过认知系统对信息整合
- 精神状态的可报告能力
- 进入自身内部状态系统的能力
- 注意力的集中
- 对行为的有意控制
- 清醒和睡着的区别

在大众文献中，有些人可能会肤浅地认为上述现象代表了意识问题的全部。但是，就算上述所有问题最终都能用神经生物学来解决，也不代表就是生物中心主义和许多哲学家以及神经研究者们对意识的理解。

认识到这一点后，查尔默斯指出了一个显而易见的问题：

意识真正难解决的是体验的问题。思考和感知时，有信息处理的客观一面，但也有主观的一面。这个主观方面就是体验。例如，当我们在看的时候，会体验到视觉上的感觉……之后就是身体上的

各种感觉；内心幻化出的心理图像；对情感品质的感觉以及一系列有意识的思考体验。

不可否认，有些生物体是体验的主体。但这些有机系统是如何成为体验主体的，真是令人费解……人们普遍认为体验产生于物理过程之中，但为什么产生和如何产生，却还没有很好的解释。为什么物理过程中会产生丰富的心理活动？客观上来说，并不合理，但事实确实如此。

解决意识问题的难易，在于是否只关心功能或表现方面。科学家只需要发现大脑的哪一部分控制着哪个功能，就可以理所当然地说，已经解决了认知功能的某个领域。换言之，这是相对简单的寻找机制的问题。相反，意识或体验的更深层和更令人沮丧的方面迟迟得不到解决，正如查尔默斯指出的，"恰恰因为意识并不是个功能的执行问题。即使解释了所有相关功能是如何执行的，问题仍然存在。"也就是说，**知道如何区分、整合和报告神经信息，也无法解释神经信息是如何被体验到的。**

对于任何对象，比如一台机器或一台电脑，除了物理原理和组成它的原子的化学性质之外，通常无需其他解释或操作。我们已经走上了一条漫长的道路，那就是用先进技术和计算机存储系统、微电子电路和固态设备来建造机器，以提高执行任务时的精确度和灵活度。也许有一天，我们甚至会开发出能够进食、繁殖和进化的机器。

但是，在能够理解大脑中建立时空关系逻辑的确切回路之前，我们无法创造出有意识的机器，就像是《星际迷航》中叫作"达阄"（Data）的生化人，或者《人工智能》（*A.I.*）中的男孩大卫（David）。

探索"最伟大的奥秘"之旅

我对动物认知的重要性以及如何看待世界非常感兴趣，这促使我在20世纪80年代初来到哈佛大学，与心理学家 B. F. 斯金纳一起工作。那个学期过得相当愉快，因为可以和斯金纳经常交流，还可以在实验室里做实验。斯金纳已有近20年没在实验室里做研究了，当时他在教鸽子跳舞、打乒乓球。实验最终取得了成功，我们撰写的几篇论文都发表在《科学》杂志上。

其他报纸和杂志也不失时机地对此大做文章，用很抢眼的标题进行渲染，比如《时代周刊》的"鸽子对话：鸟脑的胜利"、《科学新闻》(*Science News*)的"猿类对话：斯金纳的鸟"、《史密森杂志》(*Smithsonian*)的"鸟类与 B. F. 斯金纳的对话"和《萨拉索塔先驱论坛报》(*Sarasota Herald-Tribune*)的"行为科学家与鸽子的对话"。弗雷德在《今日秀》节目上解释说，这些实验很有趣。那是我在医学院度过的最美好的时光。

这是一个好开始。这些实验与斯金纳的信念吻合，即自我是"将行为的指令表分配给偶发事件的给定设置"。在过去的几年里，我开始相信这些问题不可能全部由行为科学来解决。意识是什么？意识为什么存在？如果不回答这些问题，那就像制造了一个火箭，却不知道要发射到何处去——在巨大的轰鸣中享受成就感，暴露出火箭没有存在的理由这一问题。问这些问题像在亵渎神明，是对多年前那个让我信任的温和而骄傲的老人的背叛。这些问题悬而未决，即使不说，也像萤火虫一样在堤道上散发着绿色的光芒。或许，这正是神经科学用明确的神经元来表达也无法解释意识的徒劳尝试吧。

当然，这些早期实验的作用是让我们了解大脑中所有的突触连接，以期意识的问题有朝一日能得到解决。但不言而喻，悲观情绪总是潜伏着。"神经科学的工具，"查尔默斯写道，"不能提供意识体验的全部解释，尽管它们可以提供很多东西。也许意识可以用一种新的理论来解释。"事实上，在美国国家科学院 1983 年的一份报告中，认知科学和人工智能研究组就指出，意识所涉及的问题"反映了一个潜在的巨大科学之谜，与理解宇宙的进化、生命的起源或基本粒子的性质一样"。

其中的奥秘显而易见。神经科学家已经发展出一些理论，可能有助于解释不同的信息片段是如何在大脑中整合的。成功地解释了单个感知对象的不同属性，如花朵的形状、颜色和气味，如何融合成一个连贯的整体。

一些像斯图尔特·哈梅罗夫（Stuart Hameroff）这样的科学家认为，这一过程的发生，基础如此之深，竟涉及量子物理机制。克里克（Crick）和科赫（Koch）等其他科学家则认为，这一过程是通过大脑中细胞的同步产生的。即使我们注定要成功地掌握意识的机制，但对如此基本的东西存在重大分歧，也足以证明摆在我们面前的任务是多么艰巨。

作为理论，过去 25 年的工作反映了神经科学和心理学领域正在发生的一些重要进展。坏消息是这些进展仅仅是关于结构和功能，并不能告诉我们这些功能的执行是如何伴随着有意识的体验的。理解意识的困难恰恰就在这里：理解主观体验是如何从物理过程中产生的。就连诺贝尔奖得主史蒂文·温伯格也承认，意识存在问题。尽管意识可能与神经有关，但意识的存在似乎并不是由物理定律推导出来的。正如爱默生所说，这与所有的体验相抵触：

> 在这里，我们突然发现自己不是在批判性的猜测之中，而是在一个神圣的地方，应该持谨慎态度，带着虔诚之心。我们站在世界的秘密面前，在这里，"存在"转化为"外观"，"统一"转化为"变化"。

温伯格和其他人思考这个问题时抱怨的是，我们已经懂得了一切化学和物理知识，了解大脑的神经构成和复杂的结构，以及它持续不断的微弱电流，而意识的结果竟然是这样！匪夷所思。世界存在于各种各样的景象、气味和情感中。主观的存在感、活力感，我们都茫然无知地背负着，甚至没人就此做出片刻的思考。在任何学科中，都没有原理能暗示或解释我们究竟是如何得到这些主观感觉的。

许多物理学家声称"万物理论"即将诞生，但他们也乐于承认，并不知道如何解释《大英百科全书》（*Encyclopaedia Britannica*）前出版商保罗·霍夫曼（Paul Hoffman）所称的"最伟大的奥秘"——意识的存在。现在无论该奥秘被揭示到什么程度，已经并将继续完成这一任务的学科是生物学。物理学家已经尝试过了，认为这超出了他们的能力范围，无法给出答案。

意识研究人员不断发现当今科学中存在的问题，是需要找到线索，因为当前所有途径的唯一指向，就是神经结构和与此相关的脑区域。例如，知道大脑哪个部分控制嗅觉，无助于揭示气味的主观体验如何形成，具体例子就是为什么柴火有"柴火的味道"。就当前科学来说，正是这令人沮丧的困境，让人望而却步。这种感觉一定就像古希腊人试图理解太阳的本质一样，毕竟每天都有一个火球划过天空。人们是怎样开始确定太阳的组成和本质的呢？在分光镜出现的两千年之前，人们采取的又是什么样的措施呢？

爱默生宣称："就让人们熟记所有自然和所有思想对心灵的启示吧，那就是至高无上者与人类同在，自然的源泉就在他自己的思想中。"

要是物理学家们能像斯金纳那样尊重科学的局限性就好了。作为现代行为主义的奠基人，斯金纳并没有试图去理解发生在个体内部的过程；他秉持保守、谨慎的态度，认为头脑是个"黑匣子"。有一次，在我们讨论宇宙的本质、空间和时间时，斯金纳说："我不知道你为什么会这样想。我甚至不知道如何开始思考空间和时间的本质。"谦逊的态度显示了他在认识论上的智慧。然而，我也从他温柔的目光中看到了这个话题所带来的无助感。

显然，意识问题的答案不仅仅蕴含在原子和蛋白质中。神经脉冲进入大脑时，我们知道这些脉冲不过像计算机中的信息一样，并未自动汇编在一起。

思想和知觉并非它们本身，而是有指令，有秩序的，因为大脑生成了涉及每一种体验的时空关系，甚至通过汇编事件含义创建时空关系，把认知带到下一步，即我们感官直觉的内在和外在形式。

我们永远不会有不符合时空关系的体验，因为这些关系是解释和理解的模式，是把感觉塑造成三维对象的心理逻辑。因此，如果认为思维在这一过程之前就存在于空间和时间中，就像在大脑中确立了时空秩序之前，理解力就存在于大脑回路中一样，就是错的。正如我们所见，这种情况就像在播放 CD。CD 本身只包含信息，但打开播放机时，信息才会变成在整个空间中弥漫的声音。以这种方式，也只有以这种方式，音乐才存在。

用爱默生的话来说就足够了："精神是唯一的，自然是其关联物。"事实上，存在本身就包含在这种关系的逻辑中。意识与物理结构或功能本身无关，如同松树的根茎，深透地下上百个地方，从空间感知的瞬间现实中描绘其存在。

机器是否会发展出自己的思维

那么，再看看那个最受欢迎的科幻主题：机器是否会发展出自己的思维？艾萨克·阿西莫夫（Isaac Asimov）问道："我们不禁要问，人类的哪种能力不会被计算机和机器人最终取代？"在斯金纳 80 岁生日的聚会上，我坐在一位世界顶尖的人工智能专家旁边。谈话中，他转向我问道："你和斯金纳有很密切的合作。你认为我们有可能复制哪怕一只你们喂养的鸽子的思维吗？"

"你指的是感觉—运动功能吗？是有可能的。"我回答，"但不能复制意识。不可能复制。"

"我不理解。"

当时斯金纳刚刚走上讲台，组织者邀请他做一个简短的演讲。这是为他举办的聚会，作为他以前的学生，在这种场合对意识进行抨击，似乎不合时宜。但现在，我可以毫不犹豫地说，除非我们理解意识的本质，否则机器永远无法复制人、鸽子甚至蜻蜓的思维。像机器、计算机这样的实体，除了物理法则没有其他的法则可以用于解释。只有在观察者的意识中，物体才存在于空间和时间中。与人或鸽子不同，机器没有感知和自我意识所必需的统合感官体验，这种感知体验，必须在理解产生每个感官体验所涉及的时空关系之前发生——在意识和空间世界之间的关系建立之前。

赋予机器以意识，让一个具有意识的新东西问世，任何参与过"出生"的人都应该清楚，这是多么的困难。意识是如何开始的呢？印度教徒认为，在怀孕的第三个月，意识或知觉就进入胎儿体内。其实，如果我们秉持诚实的科学态度，就必须承认我们不知道意识是如何产生的——不是在个体中、不是在集体中，当然也不是在分子和电磁中产生。

可意识真的会出现吗？我们身体里的每个细胞都是数十亿年前开始分裂的连续的细胞（一条完整的生命链）的一部分。但是意识呢？比起其他任何东西，意识更必须是不间断的。尽管大多数人喜欢想象存在没有意识的宇宙，但我们已经看到，如果充分考虑这个问题，就会认为这种想法毫无意义。意识是如何开始的？这怎么可能发生？与弄清楚意识的出现是否较晚相比，难道不是这个问题更神秘吗？意识是一切的同义词吗？

过去和现在深刻的思想家是对的：意识是最大的谜团，其他一切都相形见绌。

为了避免读者认为这是空谈或哲学，请记住，宇宙依赖于观察者的争论已经在高水平的普通物理学圈中存在了近 75 年。关于观察者在物理宇宙中的作用和重要性的争论已经不是什么新鲜事了。例如，奥地利量子专家埃尔温·薛定谔那个著名的思想实验（如图 18-1）。这个实验试图表明，在量子实验中，普遍存在的所谓精神与物质做配对的说法是多么荒谬。

想象一个封闭的盒子，里面有一小块放射性物质，可能会辐射出一个粒子，也可能不会。这两种可能性都存在，并且根据哥本哈根诠释，是否释放粒子这件事，在观察之前并不会成为现实。只有进行了观察之后，所谓的波函数坍缩，粒子才会显现或不显现出来。好吧，到目前为止还都正常。但现在往盒子里放一个盖革计数器，用来检测粒子的出现（假定有出现概率）。如果盖革计数器感应到了粒子，它就会触发一个锤子下落，打碎一个装有氰化物气体的瓶子。

被一起关在盒子里的那只猫就会被杀死。根据哥本哈根诠释，粒子的量子放射性辐射、探测器、落锤和猫现在都被集成到了一个量子系统中。但只有当人打开盒子时，才会产生观测结果，从而迫使整个事件序列从所有可能性共存坍缩为现实。

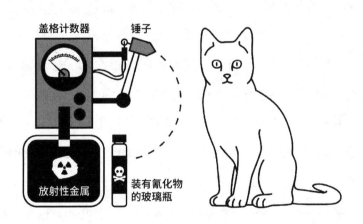

图 18-1　薛定谔的猫

注：放射性金属发出辐射时，盖革计数器会探测到辐射，随之落下锤子，砸碎装有氰化物的玻璃瓶，从而将猫毒死。

"假如我们看到的是一只腐烂的死猫，我们还能相信在盒子打开之前，这只猫一直处于所有可能的状态吗？这意味着什么呢？"薛定谔问。难道猫只是看起来好像已经死了好几天吗？正如哥本哈根诠释所坚持的那样，这只猫真的是既死又活,直到有人打开盒子,才确定了过去事件的整个顺序吗?

是的,确实如此。除非猫的意识被认为是一种观察,最初的波函数当场就坍缩了,不需要等待有人几天后打开盒子。无论如何,即使在今天,许多物理学家仍然相信这一切。同样,我们可以看到一个宇宙,似乎始于137亿年前的大爆炸,但这只是从现在看像是一段真实的历史。量子理论坚持认为,只有一件事是肯定的:宇宙好像已经存在了数十亿年。根据量子力学,我们知识的确定性存在着重大、不可更改的局限性。

但如果没有观测者,宇宙就不只是看起来空无一物了。或许不止于此,宇宙根本就不会以任何方式存在。斯坦福大学的物理学家安德烈·林德(Andrei Linde)说:"宇宙和观察者成对存在。我无法想象忽视意识的宇宙理论。我不知道在何种意义上可以宣称宇宙是在没有观察者的情况下存在的。"

多年来,普林斯顿大学著名物理学家约翰·惠勒都认为,观察远处类星体发出的光线时,如果该类星体的光被前景星系扭曲,它就有可能穿过前景星系两侧的任意一侧。于是,我们就有效地建立了一个非常大尺度的量子观测。他坚称,这意味着观测正在到来的光,就能够确认数十亿年前它所经过的不确定路径。过去是在现在创造的。这也让人想起了前面章节中讲过的量子实验,即现在对粒子的观察决定了其孪生粒子过去所走的路径。

2002年,《发现》杂志派蒂姆·福尔杰(Tim Folger)到缅因州的海岸边采访约翰·惠勒。惠勒对人择论之类的见解在学术圈中仍有很大的影响力。他一直在说一些易引起争论的事情,所以该杂志社根据他近十年的研究方向,决定把这篇文章的标题命名为《如果我们不去观察,宇宙是否还存在?》

惠勒告诉福尔杰,他确信宇宙中充满了"巨大的不确定性云"。这些不确定性云,既没有与有意识的观察者发生过相互作用,也没有与一些无生命物质发生过相互作用。他确信,在所有这样的地方,宇宙是"一个有着巨大界域的竞技场,在那里,时间已经过去,但事件并未消逝"。

在意识中创造的"真实世界"

现在你可能觉得有点蒙了，我们休息一下，再谈谈我的朋友芭芭拉吧。她正舒舒服服地坐在客厅里，端着一杯水，确定水杯和自己都是存在的。她的房子还是老样子，墙上的艺术品，铸铁的火炉，老橡木的桌子还都在。芭芭拉来回穿梭于各个房间。餐盘、床单、艺术品以及车间里的机器和工具，都是她几十年来精心挑选的，芭芭拉的职业决定了她的生活方式。

每天早上，她都会打开前门，把《波士顿环球报》拿进屋，或是到花园里侍弄一下花草。她打开后门廊的门，门外草坪上的风车在微风中转动，吱嘎作响。芭芭拉认为，不管她是否打开门，世界都在运转。

她在洗手间时，厨房消失了，这丝毫没有影响到她；她睡觉时，花园和风车消失了；她在杂货店时，车间和所有的工具都消失了。

芭芭拉从一个房间转到另一个房间，她的感官不再感知到厨房时，洗碗机的声音、时钟的滴答声、水管的汩汩声、烤鸡的香味，统统都消失了。厨房和所有看起来分散的东西都溶解在原始能量的虚无或概率的波动中。宇宙是由生命产生的，而不是相反。或许这样说更容易理解：自然和意识具有永恒的相关性。

如果人们愿意这样想的话，那每一个生命就有一个包含着"实境"的宇宙。这个宇宙的形状和形态，是通过耳朵、眼睛、鼻子、嘴巴和皮肤收集的所有感官数据，在人的大脑中生成的。我们的星球是由数十亿个现实领域组成的，是内部和外部的汇合体，是规模惊人的混合体。

但真是这样吗？你每天早上醒来，梳妆台仍然对着你的床，在房间的另一边。你穿上同样的牛仔裤和最喜欢的衬衫，趿拉着拖鞋慢吞吞地走进厨房去煮咖啡。头脑正常的人，怎么可能认为外面的大千世界是在我们的头脑中构建的呢？这就需要一些额外的类比。

为了更全面地了解由静止箭头和消失月亮组成的宇宙，让我们转向现代电子产品和动物感觉—感知工具。根据经验，你知道 DVD 播放机里的电子设备可以把无生命的光盘变成电影，它能将光盘上的信息转换成二维的连续画面。同样，你的大脑也让宇宙变得生动。你可以把大脑想象成 DVD 播放机里的电子设备。

用生物学的语言来说，就是大脑将五种感官的电化学脉冲转化成一种顺序、一种序列，变成一张脸、一页纸、一个房间、一个环境，即一个统一的三维整体。大脑将一连串的感官输入电流转化为让你感觉真实的东西，很少有人会问这是如何发生的。大脑非常擅长创造三维宇宙，我们很少质疑宇宙是否是我们想象出来的。大脑对接收到的感觉进行分类、排序和解释。

例如，来自太阳的光子携带电磁力到达地球，它们本身是看不到的，它们是能量微粒。接着无数的光被周围的物体反射，其中一些被我们反射，每一个物体的不同波长组合进入我们的眼睛。在眼睛里，数以万亿计的原子精巧排列在数百万个圆锥形细胞上，进入我们眼睛的能量微粒将力传递给原子，然后这些细胞迅速以任何计算机都无法媲美的巨大计算量运算，最后在大脑中，世界就出现了。

我们在第 3 章中得知，光本身没有颜色，但现在看来光却是神奇形状和色彩的大杂烩。以三分之一的音速通过神经网络，然后进行进一步的并行处理，使一切感觉产生意义，这是必要的步骤。那些失明几十年又恢复视力后视觉仍然模糊、看不清外界的人，他们无法看到我们所看到的，也无法有效地处理刚得到的信息输入。

视觉、触觉、味觉——所有这些感觉都是在大脑中体验到的。除了语言习惯之外，没有什么是"外部的"。我们观察到的一切都是能量和大脑的直接相互作用。任何没有被直接观察到的事物，都只是作为一种可能性存在，或者从数学的角度来说，作为一种概率的模糊存在。

所以，惠勒说："在观察到之前，什么都不存在。"

你也可以把大脑想象成电子计算设备的电路。假设你买了一个崭新的计算器，刚从包装中取出来。当你输入 4×4 时，数字 16 就会出现在小屏幕上，即使这些数字以前从未在这个设备上操作过。计算器像你的大脑一样，遵循着一套规则，输入 4×4 或 10＋6 或 25－9 时，在正常运行的计算器上，总是会弹出 16。你走到户外时，就像输入了一组新的数字，大脑将决定将"显示"什么，比如，月亮是在这里还是那里，是被云挡住、是新月，还是满月等。

在你真正仰望天空之前，外部现实八字还没一撇呢。只有当月亮被拉出数学概率的领域，进入观察者的意识之网后，才有确定的存在。无论如何，月球上的原子之间的空间如此巨大，把月球称作物体或称作空的空间都是正确的。真的没有什么坚实的东西，只有更多的想象而已。

也许你想在这种可能性成形之前快速地瞥一眼。面对被禁止观看的东西，人们倾向于快速地瞥一眼，或以闪电般的速度转头。但你不可能看到不存在的东西，所以这个游戏是徒劳的。

也许有些读者会认为这是无稽之谈，认为大脑不可能真正拥有创造物理现实的机制。但请记住，梦和精神分裂症就证明了大脑有能力构建与你现在所经历的一样真实的时空现实，就像电影《美丽心灵》(A Beautiful Mind)中讲述的故事那样。作为一名医生，我可以证明一个事实：精神分裂症患者"看到"的幻象和"听到"的声音对他们来说就像这张纸或你现在坐的椅子一样真实。

就是在这里，我们终于接近了自己想象的边界，在古老童话的讲述中，狐狸和兔子在森林的边界互道晚安。众所周知，在睡眠中，意识减弱，时间和地点的连续性也会减弱，空间和时间都会消失。那么，在何处寻觅我们自己呢？在任意可以设置闹铃的地方。正如爱默生所说，"就像赫尔墉斯①用

---

① Hermes，古希腊神话中的商业、旅者、小偷和畜牧之神。也是众神的使者，奥林匹斯十二主神之一。

月亮骰子取胜，就像奥西里斯①可能会出生。"的确，意识仅仅是我们思维的表面，就像我们了解地球的地壳。在意识思维的层面之下，我们可以设想出无意识的神经状态。但这些精神能力本身，除了与意识的关系之外，不能说就像石头或树木一样，存在于空间和时间之中。

身处爱丽丝的泪水池

至于其界限，或者说是边界，可以以任何想象的方式存在吗？也许它比我们想象的更简单？梭罗写道："总有可能……成为一切。"

还是难以理解吧，为何一个粒子可以同时出现在两个地方。看到池塘里的潜鸟、田野里的毛蕊花或蒲公英、月亮或北极星了吗？将它们分开并让它们孤单的空间是多么具有欺骗性啊。它们难道不是贝尔感兴趣的同一现实的主体吗？他的实验一劳永逸地回答了本地发生的事情是否受到非本地事件的影响。

这种情况与爱丽丝发现自己在泪水池②中的情况没有什么不同。我们确信自己和池塘里的鱼无关，因为它们大多有鳞和鳍，而我们没有。理论家伯纳德·德斯帕纳特（Bernard d'Espagnat）说过："不可分离性是现在物理学中最确定的基本概念之一。"这并不是说我们的思维像贝尔实验中的粒子一样，以违反因果律的方式联系在一起。

不妨想象一下，在宇宙两端放上探测器，光子从某个中心向两个探测器飞去（如图 18-2）。如果一个实验者改变一个光子束的偏振，他可能会立即

---

① Osiris，古埃及神话中的冥王，也是植物、农业和丰饶之神。

② 该故事来自 19 世纪英国作家刘易斯·卡罗尔的作品《爱丽丝梦游仙境》，讲述了爱丽丝从兔子洞跌入了神奇的地下世界。在这个神奇的世界里，她时而变大，时而变小。这个泪水池就是爱丽丝在 9 英尺（约 2.74 米）高的时候一直哭，掉落的泪水形成的，而她在变成 2 英寸（约 5 厘米）高的时候，掉进了这个池子，她还以为自己掉进海里了。

影响 100 亿光年之外的事件。但是没有任何信息可以通过这个过程从 A 点传递到 B 点，或者从一个实验者传递到另一个。它严格按照自己的方式展开。

图 18-2 验证贝尔理论的实验设备

在这个意义上，我们有一部分与池塘里的鱼紧密相连。我们认为在我们面前有一道围墙，对我们来说是一个边界。而贝尔的实验表明，**存在着超越我们经典思维方式的因果联系。**"人们尊崇的是遥远的真理，"梭罗写道，"在系统边缘的，在最远星球背后的，在亚当人之前和人类灭绝之后的真理……但是一切的时间、地点和场合，就是此时此刻。"

生命大设计

创生

BIOCENTRISM

第 19 章

对永生的依恋，对死亡的恐惧

人的精神不会随着肉体的消亡而完全毁灭，它的某些部分将永生。

——本尼迪克特·德·斯宾诺莎（Benedict de Spinoza），《伦理学》（*Ethics*）

以生物为中心的世界观如何改变我们的生活？如何影响爱、恐惧和悲伤之类的情绪？最重要的是，它能让我们应对死亡，以及肉体与意识之间的关系吗？

对生命的依恋和由此产生的对死亡的恐惧是人们普遍关切的问题，有时令人困惑。电影《银翼杀手》（*Blade Runner*）中的仿生人就以不那么温和的方式向所有愿意倾听的人清楚地表明了这种困惑。其实，只要我们放弃了随机的、以物理为中心的宇宙，开始以生物为中心的方式来看待事物，有限生命的真实性就会动摇。

意识会随着肉体死亡而消亡吗

两千多年前，伊壁鸠鲁学派的卢克莱修（Lucretius）告诫我们不要惧怕死亡。对时间的思考和现代科学的发现都得出了同样的结论：**精神的觉知是终极的现实，是至高无上的，是无限的。**

那么，意识是否会随着肉体的死亡而消亡呢？

在这点上，我们要暂别科学，去思考生物中心主义主张什么和赞成什么，而不是它能证明什么。坦白地说，以下内容只是推测，但不仅限于哲学，因为逻辑和理性上，它是在以意识为基础的宇宙上推断出来的。那些希望严格遵守"夫人，这就是事实"的人，不必勉强接受这种相当临时的结论。

爱默生在《论超灵》（*The Over Soul*）中描述道：

> "感官的影响在大多数人身上胜过了理智的影响，故而空间和时间之墙看起来愈发坚固、真实、不可逾越；轻率地谈论这个世界的限度，是精神错乱的表现。"

我还记得我最初理解这句话的那天。有轨电车从拐角处驶来，火花四溅，金属轮子的摩擦声混杂着几枚硬币的叮当声。一阵颠簸和滑行后，这台巨大的电动机器驶向我的过去，它穿过几十年的街区，穿过波士顿大都市区，最后来到罗克斯伯里。

对我来说，在这山丘之下，宇宙开始了。我希望能找到刻在人行道或树上的一组首字母缩写，或者是一个旧的、半生锈的玩具，那也许就是我扔进鞋盒里的，作为我自己永生的证据。

等我去到那个地方时，发现曾经在那儿的拖拉机已经不见了。看来这座城市已经改造了成片的贫民窟。我住过的老房子，我的朋友们玩耍过的隔壁房子，以及我成长过程中所有见过的院子和树木，所有的一切都不见了。虽然它们已从世上被扫除掉，但在我心中依然如故，它们在阳光下闪闪发光，与眼前的景象交相辉映。我小心翼翼地穿过垃圾堆和一些废墟。

那个春天的那一日，我的一些同事在实验室里做实验，另一些同事则在思考黑洞和方程式；而我，坐在这座城市的一块空地上，为时间的无休无止和乖张无常而苦恼。我不是没有见过落叶，也不是没有见过变老的面孔，但在这里，也许我会偶遇一些秘密通道，带我超越熟知的自然世界，进入事物变化背后的永恒现实。

阿尔伯特·爱因斯坦在《物理学年鉴》（*Annalen de Physik*）、雷·布雷德伯里（Ray Bradbury）在其杰作《蒲公英酒》（*Dandelion Wine*）中都认识到了这种困境的严重程度。

　　"是的，"本特利夫人说，"我还是个可爱的小女孩时，也跟你们一样，简、爱丽丝……"

　　"您在和我们开玩笑吧，"简咯咯地笑着，"你不是真的有过 10 岁吧，本特利夫人？"

　　"你们快回家吧！"女人突然哭喊道，因为她再也无法忍受她们的目光，"我不要你们嘲笑我。"

　　"您不是真的就叫海伦吧？"

　　"当然是叫海伦！"

　　"再见，"两个姑娘边说边咯咯笑着跑过阴凉的草坪，汤姆慢慢跟在她们后面。"谢谢您的冰激凌！"

　　"我还玩过跳房子呢！"本特利夫人在她们身后哭喊道，但她们已经不见了。

站在过去的废墟上，我和本特利夫人一样。身在当下，意识却像微风一样轻拂过这片空地，吹着前面的树叶，在时间的边缘移动。我感到惊愕。

　　"亲爱的，"本特利先生说，"你永远搞不懂时间？9 岁时，你认为你一直都是 9 岁，而且永远都是 9 岁。30 岁时，你似乎总想在中

年的好时光边缘保持平衡。后来你过了 70 岁，你也总想永远都是
70 岁。你身处当下，被困在既年轻又年迈的处境中，不知何去何从。"

本特利先生的观察并非微不足道的琐事。是什么样的时间把一个人与他
的过去隔开，把一个现在与下一个现在隔开，同时又让意识贯穿其中呢？我
们说，80 岁是最后一个"现在"。时间和空间被视为直觉的形式，而不是永
恒的独立实体，但谁都知道时间和空间实际上并不"总是"不可变的。即使
是病入膏肓的猫，也会睁大冷静的双眼，注视着周围的千变万化。没有死亡
的想法，就没有对死亡的恐惧。该来的还是要来，顺其自然。我们相信死亡，
是因为已被告知会死。当然，还因为大多数人都把自己与肉体严格联系在
一起，我们知道肉体是会死的，这是故事的结局。

不存在真正意义上的"死亡"

宗教关于死亡的说法绵延不绝，但我们何以知晓哪个是真的呢？物理
学可能会告诉我们，能量永远不灭，我们的大脑、我们的思维，以及由此
产生的对生命的感觉都是通过电能操控，它也和其他能量一样不会消失，
不会完结。这听起来很有道理，很有希望，我们却难能确定死后会体验到
生命感，神经研究人员研究了这个秘密也一无所获，就像梦境走廊，总比我
们奔跑走过的走廊更长。

在生物中心主义看来，**无时间、无空间的意识宇宙不允许任何真正意义
上的死亡**。肉体死亡时，不发生在随机碰撞的基质中，而是在"一切都无法
逃避的生活"（allis-still-inescapably-life）基质中。

科学家们认为，他们可以说清楚个体生命的开始和结束，而我们通常拒
绝接受《星际之门》（*Stargate*）、《星际迷航》《黑客帝国》等电影及小说中

的多重宇宙。但事实证明，在这种通俗的文化作品中，存在的不只是一丁点儿的科学真理。它们能加速即将到来的世界观转变，让大家从相信"时间和空间是宇宙中的实体"转变到认为"时间和空间只属于生物"。

我们目前的科学世界观没有为惧怕死亡的人提供解脱之道。但你为什么还在世上，像是偶然栖息在无限的边缘？答案很简单——那扇大门永远不会关上！你意识终结的数学可能性为零。

合乎逻辑的日常经验将我们置于确定物体发生消散的环境中，认为一切都有诞生的时刻。无论是铅笔还是小猫，我们看到一些物品进入这个世界，而其他物品则消融或消失。逻辑就是由这种开端和结束编织而成的。但那些爱、美、意识或整个宇宙，才是本质上的永恒实体，它们总是处于有限性的冷漠掌控之外。所以我们现在知道，"大千世界"是意识的同义词，很难被归入转瞬即逝的物类中。即使没有任何论据，也可以将直觉与我们在此运用的科学相结合，断言意识确实如此。能够证明不朽，也算皆大欢喜。

我们无法记住无限的时间，但这并无什么大碍，因为记忆在神经网络中只是特别受限和有选择性的电路。根据记忆的定义，我们既无法回忆起虚无的时光，也毫无裨益。

永生是让人迷恋的观念，但它并不表示在时间上的永久存在。永生并不意味着无限的时间序列，相反，它完全存在于时间之外。而因为**意识超越了肉体，因为内在和外在是语言和实际事物的根本区别，我们只剩下思维或意识作为存在的基本组成部分。**

思考此类事情时会面临许多问题，并非只是因为语言本质上具有二元性，所以难以适应此类追问，而是因为不同的理解水平，存在不同层次的"真理"。科学、哲学、宗教和形而上学都有着如何向广大听众发表演讲的困难，因为听众的理解能力、受教育程度、爱好和偏见都千差万别。

一位资深的科学演讲者走上讲台时，他对那天的特定听众是哪类人已经胸有成竹。物理学家作一场通俗演讲，在针对年轻人时，会避免罗列所有的方程式，以免听众听着听着就要睡着；电子等术语需要简单定义，但如果听众有良好的科学背景，比如是给中学科学教师，那么"电子围绕原子核旋转"和"木星围绕太阳旋转"等说法就包含了熟悉的术语，大家就都能理解；如果听众是由物理学家和天文学家组成的更成熟的群体，那么这两种说法都是错误的，因为电子并不会真正绕原子核作轨道旋转，而是在离中心一定的距离处以概率状态闪烁，其位置和运动不确定，直到观察者迫使其波函数坍缩，木星绕行的也不是太阳，而是太阳表面外的空间空点，因为太阳和木星这两个天体的引力像跷跷板一样保持着一种平衡。**在一个语境中正确的东西，在另一种语境中也可能是错误的。**

对科学、哲学、形而上学和宇宙学来说，亦是如此。一个人把他唯一的存在与他的肉体严格地联系起来，并确信宇宙是一个独立、随机、外部的实体时，那么说"死亡不是真实的"就荒唐可笑了，而且很假。他体内的细胞会全部死亡殆尽。他错误而有限地认为自己是一个孤立有机体的认知也将完结。

再往上一层，我们的个体就觉得自己是一个有生命的实体，也许是一个灵魂，安放在一个身体里。如果他有过精神体验或者宗教哲学信仰，认为不朽的灵魂是他本质的一部分，那么现在他就更有理由接受这样一种观点：即使在肉体消失后，某些东西还在继续。就算他的无神论朋友对此报以嘲笑，他也不会产生动摇。

死亡：科学史上最大的骗局

死亡的概念一直只意味着一件事：没有暂缓或含糊的结束。死亡只会发生在已经诞生或被创造的事物上，其本质是有限制和有限的。你从祖母那儿继承的精致酒杯，如果掉到地上摔成了十几块碎片，它就死亡了，并将永远消失。生物的身体也有诞生的时刻，没有外力的作用下，身体内的细胞注定会更新大约90代后老化，自我毁灭。而恒星寿命通常长达数十亿年，但也会死亡。

现在，最重要、最古老的问题来了。我是谁？如果我只是我的身体，那么我必须死。如果我是我的意识、经验和感觉，那么我就不会死，因为意识可以通过多种方式依次表达，但最终是不受限制的。如果人们更喜欢把事情固定下来，那就是"活着"的感觉，就科学所能证明的，"我"的感觉是生机勃勃的神经电喷泉，其能量约为 100 瓦，与明亮的灯泡一样。我们甚至散发出和灯泡一样的热量，这就是为什么在寒冷的夜晚，特别是当司机有一两个乘客陪同时，汽车内会迅速变暖的原因。

真正持怀疑态度的人可能会争辩说，这种内在能量只是在死亡时"离开"了而已。但科学中最可靠的公理之一就是，能量永远不会消亡。能量是不灭的：能量既不能被创造，也不能被毁灭。能量只是改变形式。任何事物都有能量的特性，没有事物可以免于这种永生。继续用汽车做类比，假设你开车上山坡。汽油能量以化学键的方式储存，它释放成为汽车的动力，用以克服重力。汽车上行时，消耗燃料但获得了势能。这意味着，抗拒重力而产生出能量的贮存形式，犹如一张十亿年后也不会过期的息票。汽车可以随时兑现势能息票。

现在让汽车在关闭引擎的情况下滑行。汽车此时获得了速度，即动能，也就是运动能量。失去高度而获得速度时，汽车正在耗尽它的重力势能。你踩刹车，刹车会变热，这是原子加速的另一种说法，获得的是更多的动能。混合动力汽车就是利用这种制动能量给电池充电。简而言之，能量的形式不断变化，但能量丝毫不会减少。同样，你的本质，即能量，既不能减少也不会"消失"——根本没有任何能量"消失"。我们寄居在一个封闭的系统中。

我妹妹克里斯汀（Christine）的去世就是对这些含义最好的诠释。科学史上最大的骗局之一开始被揭开时，我正在和一位美联社记者互发短信。

　　2005年12月10日星期六下午1：40来自记者：鲍勃，这一切都很可疑。黄①的克隆论文优势正在消失，大家都觉得他的中心论点也站不住脚了。我不知道怎么报道黄住院这件事……太戏剧性了，还个骗局很快会被曝光，后果很严重……事情怎么压得下去？

　　2005年12月10日星期六下午4：24来自罗伯特·兰札：生活真是太疯狂了！我妹妹刚刚发生车祸，严重内出血，刚被紧急送进手术室。我刚和一位医生谈过，他们认为她不太可能挺过去。现在所有事情都很渺茫和荒谬。我要去医院了。鲍勃。

　　2005年12月10日星期六下午5：40来自记者：我的天哪，鲍勃。

　　我妹妹真的没有挺过去。看过克里斯汀的遗体后，我出去和聚集在医院的几位家人交谈。走进房间时，克里斯汀的丈夫艾德禁不住泪流满面。有那么一会儿，我觉得自己超越了时间的限制。我一边在被泪水包围的现实中，一边回到大自然的梦境中，面朝太阳。

　　再一次，就像在丹尼斯出事之后，我想到了那个看见萤火虫的夜晚，想到了每一种生物是怎样由多个物质现实组成的，犹如穿过房门的幽灵一样，穿过空间和时间。我也想到了双缝实验，电子同时穿过了两个狭缝。我不能怀疑这些实验的结论：克里斯汀既活着又死了，在时间之外，而在我的现实里，我只能面对这个结果，仅此而已。

　　克里斯汀的一生相当坎坷。她终于找到了一个她深爱的男人。我的小妹

① 是指韩国著名生物科学家黄禹锡。2005年12月，他被揭发伪造多项研究成果。而此前，黄禹锡因为在克隆研究方面成就惊人，被韩国上下尊为国宝。

妹没能参加她的婚礼，因为她有一场牌局是好几个星期前就安排好的。我母亲也没能参加她的婚礼，因为她在麋鹿俱乐部（Elks Club）有重要的约会。婚礼是克里斯汀一生中最重要的日子之一。除我之外，我们家的人都没来，克里斯汀让我陪她走过红地毯，把她交给新郎。

婚礼后不久，克里斯汀和艾德开车去他们刚买下的新房，他们的车撞上冻冰。她从车里被甩了出去，重重地摔落在一堆雪上。

"艾德，"她说，"我的腿没知觉了。"

她不知道自己的肝脏已经被撕成两半，血液正涌入腹膜。

爱默生在他儿子去世后不久写道："我们生命面临的威胁并不像我们感觉的那么大。我很难过，但悲伤不能教会我任何东西，也不能带我进入现实。"竭力看穿我们平庸感觉的面纱，才能更理解我们与万物的深刻联系——一切可能性和潜力，无论过去和现在，伟大和渺小。

在那之前不久，克里斯汀刚瘦身 100 多磅，艾德给她买了一对钻石耳环作为惊喜。我不得不承认，等待是残酷的。下次我再见到她时，戴着那对耳环的她都会很完美……她，我，意识，无论以什么形式呈现，都将是令人惊讶的一幕。

生命大设计

创生

BIOCENTRISM

未来还不确定，如果听天由命，我们将一无所获。

——奥勒·哈格斯特姆（Olle Haggstrom），《未来科技通史》（*Here Be Dragons*）

生物中心主义是对世界观的科学变革，有意纳入现有的研究领域中。生物中心主义所提供的短期和长期的机会，既可以用来证明其本身的正确性，也可以成为理解当前生物学和物理学中不为人知的方面的跳板。

生命与意识的重要性持续倍增

在诸多领域之中，量子力学是与生物中心主义联系最密切的一个领域。随着更新的、更智慧的量子理论实验不断构建，生物中心主义最直接的证据也不断涌现，因为这些实验将扩展到宏观世界。正如在前面章节中描述的那样，量子理论实验已经进入了可见领域。对此，涉及观察者影响实验结果的问题时，采取"视而不见"的态度是不可取的。

简而言之，量子理论本身要求对它的奇怪结果做出解释，而最合乎逻辑的解释将是生物中心主义。

2008 年，埃尔米拉·A. 伊萨耶娃（Elmira A. Isaeva）在《物理学进展》

（*Progress in Physics*）杂志上发表文章说："作为量子测量替代方案的一种选择，作为关于意识如何发挥功能的一种哲学问题，量子物理与这两者密切相关。很有可能在解决这两个问题的过程中，量子力学实验有望将大脑和意识的运作机制包括在内，然后就有可能对意识理论发展提出一个新基础。"这个观点居然发表在一本物理学杂志上！

此论文接着讨论了"物理实验对意识状态的依赖性"。这种主流观点承认，意识和生命在此前仅以物理现象呈现的领域中所起的作用，现在这作用将继续倍增，直到它们成为既定的范式，而不是令人烦恼的学术分支。

为此，通过拟议中按比例增大的叠加实验就能看出，在分子、原子和亚原子层面上观察到的奇异量子效应，在真正的大宏观结构上，比如桌椅层面上，是否同样强烈。宏观物体实际上同时存在于不止一种状态或地点，直到受到某种方式的扰动，之后它们从"叠加态"中坍缩到只有一种结果，对此的证实或否定，是很有趣的。实验中可能不会发生这种情形，其中有许多原因，最主要的原因是噪声，比如来自光、生物体等的干扰，但无论结果如何，都应该具有启示性的意义。

第二个与生物中心主义研究相关的领域当然是大脑结构、神经科学，尤其是意识本身。出于第19章所述的原因，本书作者对短期进展抱有希望，但并不乐观。

第三个领域是正在开发的人工智能，虽然尚处于起步阶段，但大家都相信，在21世纪内，计算机能力将以几何级数不断扩展，最终将使研究人员以严肃、实用、有利的方式面对问题。当这一切发生时，情况就会很明朗："思考装置"需要具有和我们同样的感知时间和空间的构建及运算方法。这种精密回路系统开发出来后，必将揭示时间和空间完全依赖于观察者的现实和模式，也许其速度比人脑的研究速度更快。

创造令人着迷的生命和非生命混合体

正在进行的关于自由意志的实验也很有趣。生物中心主义既不要求、也不排斥个人自由意志的存在，尽管自由意识看似更符合包罗万象、基于意识的宇宙。2008 年，本杰明·利贝特等人的实验，以他们的早期工作（本书前面曾经谈及）为基础，证明了大脑在自行运作时，会做出"举起哪只手"的选择，其方法是，在受试者"决定"举起哪只手之前，观测者注视脑扫描监视器 10 秒。

最后，必须对创立大统一理论的无休止努力作思考。目前，物理学领域的这种努力已经持续了几十年，除了对理论家和研究生的职业生涯在经济上有所裨益之外，其他则乏善可陈。连他们自己都没有"感觉良好"。约翰·惠勒坚持认为，有必要将生物世界或意识合并研究，或者允许观察者进入方程，以万事万物能更好运转的方式，在最低限度上产生出一个令人着迷的生命和非生命的混合体。

目前，生物学、物理学、宇宙学及这些学科的所有分支学科中，从事该项工作的人总的来说对其他学科知之甚少。采取多学科的研究方法，来获得体现生物中心主义的实质性成果，这是可行的。这迟早会实现，本书作者对此很乐观。

那么，究竟是何时呢？

生命大设计

创生

BIOCENTRISM

洛伦兹变换

科学上最著名的公式之一,出自19世纪末亨德里克·洛伦兹的非凡大脑。该公式构成了相对论的基础,向我们展示了空间、距离和时间的无常性。公式看似很复杂,但其实不然:

$$\Delta T = t\sqrt{1-\frac{v^2}{c^2}}$$

我们用这个表达式来计算感觉到的时间流逝的变化。Δ 表示变化,所以 ΔT 就是你的时间推移的变化,即你自己感觉到的时间变化。t 代表你去太空时,被你抛在身后的地球上的人所经历的时间。假设在布鲁克林(Brooklyn)生活的人度过了 1 年,我们想要知道你经过了多少时间 (T)。这个 t 的 "1 年"(在此例中)应该乘以洛伦兹变换的基本部分,也就是 $(1-\frac{v^2}{c^2})$ 的平方根,我们是用 1 减去后面 v^2(你的速度的平方)与 c^2(光速的平方)的商。如果所有的速度都用一致的单位表示,这个方程会告知你,你的时间是如何变慢的。

举个例子:如果你的速度是子弹的两倍,或者每秒 1 英里,那么 v^2 就是 1×1=1, 除以光速 (186 282 英里 / 秒) 的平方, 得到 1/35 000 000 000, 这个数值非常小, 基本上可以忽略不计。这个分数部分从方程中的 1 中减去时, 结果基本上仍然是 1, 因为 1 的平方根仍然是 1, 并且当乘以地球上过去的时间 t(1 年) 时, 答案自然还是 1 年。这意味着以两倍于子弹的速度, 或每秒 1 英里的速度行进, 虽然看起来很快, 但实际上不足以改变时间推移的相对变化。

如果速度能更快一点, 比如你能以光速运动, 分数 v^2/c^2 就变成了 1/1, 就是 1。根号里面的表达式就变成了 1-1, 也就是 0。0 的平方根是 0, 所以现在你用 0 乘以在地球上经历的时间 t, 结果是 0。也就是说, 如果以光速移动, 时间对你来说已经静止。因此, 你可以在公式中为 "v" 赋任何数字, 公式会计算出当地球上给定时间流过时, 旅行的宇航员经历了多少时间。如果用 L（长度）代替 v（速度）, 同样的公式也可以计算出旅行者角度看到的长度减少量。求质量增加同理, 只需在结论中将结果除 1（求倒数）, 因为时间和长度随速度增加而减小, 质量随速度的增加而增加[1]。

————————————————

[1] 补偿现象的动力机制可能会出现问题。观察物质的结构, 我们知道电子每秒围绕原子核旋转数千万亿次, 核粒子在原子核内每秒旋转数十亿万亿次。我们现在还知道, 核粒子本身是由更小的粒子夸克组成的。迄今为止, 物理学家已经深入研究了物质的五个层次, 即分子、原子、核子、强子和夸克。尽管一些科学家认为这个系列可能会就此打住, 但可以想象的是, 粒子越来越小, 旋转越来越快, 物质会溶解在能量运动中。事实上有证据表明, 夸克里可能存在结构, 但迄今仍假定这种结构不存在。

庞加莱暗示, 该解释可能包含在这个结构的动力学中。运动对测量标尺和时钟的奇怪影响, 从逻辑上讲是由以下事实引起的：物质是由以多种形态运动的能量组成的, 粒子在粒子中绕轨道运行; 而且因为能量的速度, 即光速是不变的, 这种复合结构就不能改变它们的速度, 除非首先在物体内部的结构中发生变化。庞加莱和洛伦兹是对的：测量中的物体和时钟都不是刚性的。它们确实收缩, 而且收缩的量必定随着运动速率而增加。

考虑一个被加速到光速的物体, 我们会立刻看到, 只有当它的内部能量沿直线运动时, 它才能达到这个速度。从物理的角度来讲, 这是通过透视缩短(foreshortening)来实现的, 因为物体越短, "束缚" 在该物体沿运动轴内部运动的部分就越少。因此, 在光速下, 时钟的各部件不能被视为相对运动。时钟不能参与计时的跳动。计时必须停止。简单的直角三角形构造, 加上同样简单的毕达哥拉斯定理的运用, 证明了这一点：如果时钟内部有任何运动, 它的部件将以比光速更快的速度穿过空

附录二

爱因斯坦的相对论与生物中心主义

在爱因斯坦相对论中起核心作用的"空间"很容易被科学地推导出来，我们可以用一个独立实体来取代它，这样可以让相对论的实际结论完好无损且仍然有效。下面是基于物理学的解释，去掉了大部分数学运算，但这部分还是相当枯燥，建议读者在意外被困于公共汽车终点站超过三个小时的时候，再来读它。

如果我们用一个命题来补充欧几里得几何的命题，即一个实际刚体上的两点之间总是对应于相同的距离（线间隔），而不依赖于物体位置的任何变化，那么欧几里得几何的命题就会分解为关于实际刚体的相对位置的命题（相对论）。

人们可能发现空间的定义是有问题的。出于实用的观点，空间的概念通

间。同理，质量与缩短分数成正比，因为如洛伦兹所示，电子等粒子的质量与其半径（或体积变化）成反比。事实上，所有这些变化都可以用高中水平的数学加以证明，它们的变化与洛伦兹方程和庞加莱方程相一致，而这些方程都体现在整个狭义相对论中。

因此，很容易以动物感觉感知形式还原空间和时间。空间和时间属于我们，而不属于外部世界。爱默生写道："如果把自己个人力量与她（大自然）的力量相比，我们极易感到命运弄人。但如果我们将自己与工作融为一体，我们就会发现清晨的宁静留驻于我们内心，而深不可测的重力和化学的力量，以及在它们之上的生命的力量，以最高形式存在于我们心中。"

常建立在一个非物质的理想化物体上：完美刚体。事实上，这种理想化对理论是有影响的。对爱因斯坦来说，空间是用物理实体测量的东西，他对空间的客观数学定义依赖于完全刚性的测量标尺。

有人可能会说，这些测量标尺可以做得任意小，因为越小则越刚性。但我们知道，足够微观的测量标尺也并没有很刚性。通过排列单个原子或电子来测量空间的想法是荒谬的。爱因斯坦构建狭义相对论所希望实现的最佳距离测量，是一个统一的统计平均值。然而，这种理想也是理论本身的折中，因为理论发现这些测量取决于观察者和被测物体之间的相对运动状态。

从哲学的角度来看，爱因斯坦遵循物理学家的伟大传统，假设自己的感官现象对应于客观的外部现实。但客观的数学理想化空间概念已经过时了。我们建议将空间描述为外部现实的涌现性更为恰当，这种属性从根本上依赖于意识。

作为实现这一目标的第一步，让我们详细地考查狭义相对论，并询问该理论是否可以在不依赖刚性测量标尺，甚至不依赖外在实体的情况下合理地构建。

让我们先来看看爱因斯坦的两个假设：

1. 真空中的光速对所有观察者来说都是一样的。
2. 物理定律对所有惯性运动中的观察者都是一样的。

速度的概念意味着客观空间，这是上述两个假设的前提条件。我们很难摆脱这个想法，因为可以测量的关于经验对象的最简单、最容易的事情之一就是它们的空间特征。如果放弃了客观空间的先验假设，我们将何去何从？

留给我们的只有两样东西：时间和物质。如果向内审视意识的内容，我们会发现空间并不是这个等式的必要组成部分。称意识有其自身的外在范畴是没有意义的。我们知道意识状态会发生变化，就像思想转瞬即逝一样，所以提出时间的概念是有意义的，因为变化就是我们通常理解的时间。

从物理学的观点来看，意识的实质必须与外部现实的实质相同，也就是说大统一场（grand unified field）及其各种低能量的化身。真空场就是其中的一个化身。

此外，我们可以提出光的存在，或者更笼统地说，在大统一场中存在着一种持续的、自我传播的变化。从现在开始，为了简化本讨论的语言，我们将把大统一场简称为场。光这个术语应该包括这个场的所有无质量的、自我传播的扰动。

爱因斯坦谈到了光和空间。我们可以从具有同等效力的光和时间开始；毕竟第一个命题只是陈述了空间和时间通过一个基本自然常数——光速相互关联。因此，如果提出场的存在和通过场传播的光，我们就可以恢复不以任何方式依赖物理刚性测量标尺的空间定义。爱因斯坦在他的论著中经常使用这个定义：

$$距离 = c\,\frac{\Delta t}{2}$$

其中 t 为观察者发出的光脉冲到一个物体上并反射回观察者所需的时间。在这种情况下，c 只是最终必须测量的场的一个基本性质，目前并不需要给 c 赋予任何物理单位。我们依靠的是这样的想法：场有一个与光的传播有关的恒定特性，该特性在光从场的一个部分传播到另一个部分时引入了延迟。因此，距离被简单地定义为延迟的线性函数。

当然，这个定义只有在观察者和物体没有相对运动的情况下才成立。幸运的是，用这种方法测量的一系列距离在统计上是恒定的，因而可以很容易地定义静止状态。如果我们假设场的配置至少有一个观测者和几个物体（观测者和对象自然也由场组成），那么观测者可以定义如下的空间坐标系：

1.利用一长串的反射光信号，识别出那些距离不随时间变化的物体。

2.如果一个或多个不同的物体都有相同的距离测量，那么也可以定义方向的概念。给定足够数量的物体，可以确定存在三个独立（宏观）的方向。

3.有意识的观察者可以拟定一个三维距离坐标系来形成场的模型。

因此，我们看到，爱因斯坦的第一个假设可以合理地被以下陈述取代：

1.自然界的基本场有这样一种特性：光在场的一个部分和另一个部分之间传播需要一定的时间。

2.当这一延迟不随时间变化而变化时，就称场的两部分相对于对方静止，它们之间的距离可定义为 $c\,\dfrac{\Delta t}{2}$，其中 c 是场的一个基本属性，最终将通过其他方式测量，如它与自然界其他基本自然常数的关系。

注意：这种距离的建构不需要任何空间的先验假设。我们只是假设场的存在，并且它的某些部分可能与其他部分不同。换句话说，我们假设场中存在多个实体（属于场的），根据场的属性，它们可以通过光进行通信。

狭义相对论的第二个基石是惯性运动的概念。既然空间坐标和速度的概念已经从场和光的假设中推导出来，那么就可以直接把惯性运动定义为两个实体，比如观察者和一些外部物体之间关系的属性。如果一个物体的时间延迟是时间的线性函数，则该物体相对于观察者是惯性运动的，即：

$$距离 = c\,\frac{\Delta t}{2} = vt$$

我们在这里讨论两种不同的时间度量：距离是由时间延迟 Δt 定义的，而 t 则是测量过程开始到结束所经过的总时间。有趣的是，物体的距离 d 和速度 v 只能通过一系列离散的时间延迟测量值来正确定义。

对所有惯性观察者来说，物理定律是相同的，这就相当于要求场是洛伦兹不变的。它的表达方式有很多，但最简单的是定义空间 - 时间的间距 Δs：

$$\Delta s^2 = c^2 \Delta t^2 - \Delta x^2 - \Delta y^2 - \Delta z^2$$

Δ 有点多余，因为在这个系统下，每个观察者都会自然而然地将自己的位置定在 0 上。

Δ 的不变性可以被认为是要求多个观察者对场和外部现实的属性达成一致。为了完成狭义相对论，需要证明两个观察者可以在上达成一致。无论观察者之间的关系如何，每个观察者相对于另一观察者都需要是惯性运动的。

就此而言，所有广为人知的狭义相对论结论就出来了。最终的结果是，我们已经证明狭义相对论不需要刚性、客观的空间概念就能起作用；如果我们从一个统一场的假设开始，那么我们就可以认为场中的扰动在其各个部分之间提供了自洽的关系。

以这种方式从假设中抽离空间似乎毫无意义，毕竟距离是一个非常直观的概念，而量子场不是。意识有一种从空间的角度来解释自身与其他实体之间的关系的倾向，没有人会否认这种建构的实际优势。但正如引言指出的，空间的数学抽象在现代理论中一直存在不足。在将广义相对论和量子场论强制结合起来的过程中，空间一直在倍增、压缩、量子化甚至完全瓦解。空的空间，曾经被认为是实验科学的胜利，不过讽刺的是，这是支持狭义相对论的伟大成果之一，现在看来，这是 20 世纪科学特有的错误观念。

生命大设计

创生

BIOCENTRISM

罗伯特·兰札（Robert Lanza）

《时代周刊》上的兰札

《财富》杂志上的兰札

罗伯特·兰札被《时代周刊》评选为 2014 年"全球最具影响力的 100 人"。

《财富》（*Fortune*）杂志以《干细胞研究领域的旗手》（*The standard-bearer for stem cell research*）为题对兰札博士及其研究进行了报道，该报道包括如下内容：

2012 年 2 月，兰札博士在《柳叶刀》杂志上发表了一篇文章，详细阐述了有两名女性黄斑病变患者参与的早期临床试验。在这项试验中，加州大学洛杉矶分校的一位眼科医师向两名女性患者各移植了 5 万个视网膜细胞，这些细胞是通过诱导人类胚胎干细胞获得的。据该文描述，两名患者的视力都得到了改善，只是两人的改善程度并不一样。接受某次注入后，一名患者已经可以独自逛商场、使用电脑和倒咖啡；而另一名患者只能看清简单的颜色，只能识别出视力表字母中的 5 个。如果有一天，兰札博士因拯救数百万人免于失明而被人铭记，那么对本·阿弗莱克（美国知名导演、演员）而言，兰札博士的故事将会是一部现成的传记片。

兰札博士出生于波士顿的一个贫困小镇，由一名职业赌徒抚养长大。凭借聪明才智和想象力，他成功地摆脱了贫困。13 岁时，他修改了一只鸡的基因，使其改变了颜色，这个实验被刊登在《自然》杂志上。与他不一样，他的妹妹遭遇了很多不幸，连高中学业都未能完成。兰札取得了宾夕法尼亚大学医学博士学位，还是一位富布莱特学者。他曾与许多科学巨子合作过，包括 B.F. 斯金纳和乔纳斯·索尔克。如今，兰札博士是干细胞研究领域的旗手。

获奖及荣誉

2015 年

《展望》(*Prospect*) 杂志"世界思想家"前 50 名

2014 年

被《时代周刊》评为"全球最具影响力的 100 人"，同时上榜的还有罗伯特·雷德福等先驱、领袖及伟人

获得《发现》杂志"人民选择奖"之"年度最佳科研故事"奖

在《柳叶刀》杂志上发表文章，首次证明具有生物活性的多能干细胞可用来治疗各种类型的患者，并利用人类胚胎干细胞成功治疗了有严重眼疾的患者

2013 年

获得圣马克金狮奖之医学奖

被评选为"全球干细胞领域 50 位最具影响力的人"（与詹姆斯·汤姆森和诺贝尔经济学奖得主山中伸弥同列排行榜第 4 位）

2012 年

被《财富》杂志誉为"干细胞研究领域的旗手"

2010 年

因其在"将基础科学研究转化为有效的临床实践"方面的成就，获得美国国立卫生研究院主任奖

被《生物世界》（*BioWorld*）杂志评选为 28 位"影响未来 20 年生物技术的领导者"之一，同年获得该称号的还有公然挑战"国际人类基因组计划"的生物学家克莱格·文特尔、美国时任总统贝拉克·奥巴马

2008 年

被《美国新闻与世界报道》杂志的封面报道誉为"天才""叛逆的思想家"，甚至将其与爱因斯坦相媲美

2007 年

由于"其在药物作用原理方面的发现影响了今日和未来的原则",被VOICE 杂志评为"生命科学行业中 100 位最鼓舞人心的人物之一"

获布朗大学"当代生物领域杰出贡献奖",以"奖励其在干细胞领域中的开创性研究与贡献"

2006 年

获得《麻省高科技》(*Mass High Tech*)杂志"生物技术类全明星奖",以"奖励其对干细胞研究的未来的推动"

2005 年

由于"在胚胎干细胞研究领域令人瞩目的工作",获得《连线》(*Wired*)杂志"赞扬奖"

还获得过马萨诸塞州医疗协会奖、《波士顿环球报》的威廉·O.泰勒奖等奖项

2003 年

从死去约 25 年的爪哇野牛身上提取了皮肤细胞,并利用这些细胞成功地克隆了爪哇野牛

前沿生物学家

罗伯特·兰札,医学博士,世界上最受尊敬的科学家之一。

兰札博士现在是安斯泰来公司全球再生医学项目负责人、安斯泰来再生医学研究所首席科学家,并任维克森林大学医学院的兼职教授。

兰札博士拥有数百项发明专利，发表了数百篇学术论文，并著有三十多本科学图书，其中《机体组织工程原理》（*Principles of Tissue Engineering*）被视为该领域最具权威性的参考书；《干细胞手册》（*Handbook of Stem Cells*）、《干细胞生物学纲要》（*Essentials of Stem Cell Biology*）被视为干细胞研究的权威图书。兰札博士的其他著作包括《一个世界：21世纪人类的健康和生存》（*One World: The Health & Survival of the Human Species in the 21st Century*，由美国前总统吉米·卡特作序）等。

兰札博士在宾夕法尼亚大学获得学士学位和博士学位，是该校的大学学者和本杰明·富兰克林学者。他还是一名富布莱特学者。

兰札博士的工作成果加深了我们对细胞核移植和干细胞生物学的理解。兰札博士的团队克隆出世界上首个人体胚胎，并通过体细胞核移植（治疗性克隆）首次成功生成干细胞。2001年，他成功克隆了印度野牛，成为世界上第一个成功克隆濒危物种的人。2003年，他从圣地亚哥动物园已死去约25年的爪哇野牛身上提取了皮肤细胞并冻结，之后利用这些细胞，成功克隆出了爪哇野牛。最近，他又发表了一篇关于多能干细胞应用于人体的学术文章。

而且，兰札博士及其同事首次展示了核移植技术可以用来逆转细胞的衰老过程，也可用来培育无排斥反应的组织（包括利用克隆细胞制造组织工程器官）。在职业生涯早期，他就阐明了利用在植入前基因诊断过程中所使用的技术，可以在不伤害胚胎的情况下，生成人类胚胎干细胞（hESC）。

兰札博士和其同事还成功诱导人类多能干细胞分化为视网膜细胞（RPE），并通过试验证明了这些视网膜细胞能长期性地改善接受试验的失明动物的视力。

据此，某些人类眼疾将可得到治疗，比如老年性黄斑变性和青少年性黄斑变性（这种眼疾会导致青少年和年轻成人失明，目前还无法治愈）。利用这种技术,兰札的公司刚在美国完成了两项"治疗退行性眼疾"的临床试验,并首次在欧洲进行多能干细胞试验。

2014 年 10 月,兰札博士及同事在《柳叶刀》杂志上发表了一篇文章,首次提出证据,证明具有生物活性的多能干细胞可用来治疗各种类型的患者,且具有长期的安全性。

诱导胚胎干细胞获得的视网膜细胞被注入 18 名患有青少年性黄斑变性或有老年性黄斑变性的患者的眼部,之后研究团队持续跟踪研究这些患者长达 3 年,3 年后的测试结果显示:较之前而言,半数患者能看到视力表的更多 3 行字母,视力的改善给他们的日常生活带来了质的改变。

对于这篇重要的论文,《华尔街日报》报道科学研究的记者高塔姆·奈克评论说:"在过去的 20 年时间里,科学家一直都梦想着利用人类胚胎干细胞来治疗疾病。现在,这一天终于到来了……科学家已利用人类胚胎干细胞成功改善了严重的眼疾患者的视力。"

兰札博士及其身在韩国的同事首次报告了多能干细胞在亚洲患者身上具有的安全性和潜能。在临床试验中,诱导人类胚胎干细胞得到的视网膜细胞被移植到 4 名亚洲患者身上(其中两人患有老年性黄斑变性,另两人患有青少年性黄斑变性)。临床试验结果表明,移植细胞并没有带来安全问题。而且,其中 3 人看清了 9 到 19 个字母,另一患者的视敏度则保持稳定(多看清了 1 个字母)。这些临床试验结果证明了,诱导人类胚胎干细胞得到的分化后的细胞可成为组织的新来源,是再生医学的福音。

2009 年,兰札博士与由金光洙带领的哈佛大学团队共同发表了一篇文章,描述了诱导多能干细胞的安全方法。此方法通过直接影响皮肤细胞的蛋白质的分泌,诱导皮肤细胞成为多能干细胞,避免了基因操作带来的潜在风险。利用这种新方法,科学家可以获得安全的、没有排斥反应的多能干细胞,这为进一步临床运用提供了坚实的保障。

鉴于其重要性,《自然》杂志的编辑选择这篇关于蛋白质编程的文章作为当年的五大科研亮点之一。

《发现》杂志也评论道:"兰札心无旁骛的探究引领我们走进了新时代,带来了全新的科学观点和突破性发现。"

兰札博士的研究成果令人瞩目,被世界上多家知名媒体报道,其中包括美国有线电视新闻网(CNN)、《时代周刊》《新闻周刊》《人物》(People)杂志。此外,他的故事及其研究成果也多次出现在《纽约时报》《华尔街日报》《华盛顿邮报》(The Washington Post)等报纸的头版中。

兰札博士曾与我们这个时代许多伟大的思想家和科学家共事,其中有诺贝尔奖得主杰拉尔德·埃德尔曼(Gerald Edelman)和罗德尼·波特(Rodney Porter)、哈佛大学著名心理学家 B.F. 斯金纳(B.F.Skinner)、脊髓灰质炎疫苗的发现者乔纳斯·索尔克(Jonas Salk),以及心脏移植先驱克里斯蒂安·巴纳德(Christian Barnard)。

生物中心主义奠基人

2007 年,兰札博士一篇题为《宇宙新论》(A New Theory of the Universe)的文章被刊登在《美国学者》(The American Scholar,前沿学术杂志,曾发表过阿尔伯特·爱因斯坦、玛格丽特·米德、卡尔·萨根等著名学者的文章)杂志上。

他的理论把生物学置于其他学科之上,试图解决自然界的大谜题之一,即"万物理论"(Theory of Everything)。20 世纪以来,其他学科一直尝试着解答这个问题,但都没有获得令人满意的答案。兰札博士关于宇宙和存在的观点也被称为"生物中心主义"。

生物中心主义提出了一个新的观点:如果不考虑生命和意识,我们当前关于物质世界的理论是无效的,也绝不会使它有效。经过数十亿年无生命的物质过程之后，并非迟来的和次要结果的生命与意识，绝对是我们理解宇宙的基础。空间和时间不过是动物的某种感官活动，而不是外在的物理对象。

若是更全面地理解生物中心主义，我们便能破解主流科学的许多重大谜团，也能以全新的视角观察各种对象，包括微观世界，塑造了宇宙万物的各种各样的力、能量和法则。

鲍勃·伯曼（Bob Berman）

鲍勃·伯曼是一位天文学家、作家、科普人。他在自己位于纽约伍德斯托克的家里设立了天文观测台。

鲍勃·伯曼是《天文学》杂志的特约编辑，长期担任《老农民年历》（*Old Farmer's Almanac*）的科学编辑。他曾任《发现》杂志的特约编辑，曾在玛丽蒙特大学文理学院担任天文学副教授。

鲍勃·伯曼

他为 WAMC 东北公共广播（WAMC Northeast Public Radio）的《神奇宇宙》（*Strange Universe*）栏目创作了多篇文章，在美国的 8 个州可以被收听到。

鲍勃·伯曼还曾担任哥伦比亚广播公司（CBS）《今晨》（*This Morning*）节目及《大卫·莱特曼深夜秀》（*Late Night with David Letterman*）节目的嘉宾，也曾任美国全国广播公司（NBC）《今日秀》（*Today Show*）节目的嘉宾。

鲍勃·伯曼著有 8 本广受欢迎的书。他的上一部著作是《缩放：万物如何移动》（*Zoom：How Everything Moves*，利特尔与布朗出版社于 2014 年出版）。

《生命大设计》系列简中版封面

《生命大设计.创生》　　　《生命大设计.涌现》　　　《生命大设计.重构》

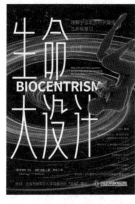

生命大设计系列书籍原版英文书名：（左起）

图1：*Biocentrism-How Life and Consciousness are the Keys to Understanding the True Nature of the Universe*

图2：*Beyond Biocentrism-Rethinking Time, Space, Consciousness and the Illusion of Death*

图3：*The Grand Biocentric Design-How Life Creates Reality*

生命大设计

创生

BIOCENTRISM

GRAND CHINA

中 资 海 派 图 书

《生命大设计》

[美]罗伯特·兰札　鲍勃·伯曼　著

杨泓　孙红贵　孙浩　译

定价：68.00 元

重新定义科学本质的意识领域探索之旅
深刻揭示生命与意识才是理解宇宙的基础

　　最新的科学发现告诉我们，宇宙中有 26.8% 的暗物质、68.3% 的暗能量和 4.9% 的普通物质，但我们必须承认，我们对暗物质和暗能量一无所知；科学发现正在指向一个无限的宇宙，但科学家却无法解释其真正的含义；时间、空间甚至因果联系等概念逐渐被证明是毫无意义的。

　　科学家无法解释亚原子状态与有意识的观察者做出的观察行为之间的联系；他们将生命描述为静默宇宙中的一次随机事件，却不了解生命是如何产生的，或者为什么宇宙似乎是为生命诞生而精心设计的。

　　在《生命大设计》一书中，罗伯特·兰札将宇宙万物和生命意识纳入同一框架，以全新的视角和宏大的视野展开叙述，提出了一个诠释宇宙及现实本质的全新宇宙理论：生物中心主义。

中 资 海 派 图 书

《谁找到了薛定谔的猫？》

[美]亚当·贝克尔 著

杨文捷 译

定价：65.00 元

爱因斯坦与玻尔的世纪交锋
第二次量子革命的原爆点

自诞生以来，量子物理一直让大众甚至物理学家都困惑不已，"薛定谔的猫"这一思想实验曾被用来检验量子理论隐含的不确定性。可正是薛定谔的这只猫，如梦魇一般让物理学家不得安宁。于是，爱因斯坦、玻尔、薛定谔、海森堡、贝尔、玻姆、费曼、埃弗里特等闻名遐迩的物理学家一次又一次论证、实验和碰撞，拼攒出不断完善的量子物理学。

《谁找到了薛定谔的猫？》是关于这些物理学家思想论战的扣人心弦的故事，更是他们敢于探索未知、追寻真理的故事。贝克尔用生动的语言，讲述了这些物理学家的思想和人生如何像量子般"纠缠"在一起，勾勒出量子物理学波澜壮阔的百年探索史。

不断发展的量子物理学，给人类社会带来巨大改变。第一次量子革命为人类带来了晶体管和激光，塑造了今日的信息社会；如今，量子计算机、量子卫星逐渐成为现实，量子信息技术引爆第二次量子革命，新的量子信息时代正在到来……

《基因、病毒与呼吸》

[美]迈克尔·J.史蒂芬 梅森·维斯特 著

杨泓 译

定价：69.80元

探究"非凡的肺"及呼吸生命机制的精神潜力
刷新遗传学、生物学、健康及肺部医学的认知

人的一生要呼吸近7亿次，每一次呼吸时，我们体内发生的一切简直是奇迹。将我们的身体与外界联系在一起的关键，正是我们非凡、优雅又脆弱的肺。我们经常将呼吸视为理所当然，直到因疾病或环境因素变得无能为力，才开始意识到肺部健康的重要性。

在《基因、病毒与呼吸》中，肺医学家迈克尔·J.史蒂芬将带领我们踏上一段别样的旅程，了解肺如何塑造人类的进化起源以及如何决定人类物种的未来：从地球上氧气的历史与生命大爆发，到呼吸的治愈力及其精神潜力的探索；从肺部、免疫系统与环境乃至整个社会的联系，到肺移植、肺再生等前沿医学的进展……

本书充满了令人叹服的科学知识、统计资料和医学故事，为我们强调了重视肺部健康的紧迫性。尽管科学取得了巨大进步，但我们的肺受到的威胁越来越大。本书为数百万肺部受到影响的人带来了希望和灵感，也为我们所有人提供了颠覆一般常识的视角与信念。

《物理就是这么酷》

[美] 保罗·J. 纳辛 著

孙则书 译

定价：59.80 元

物理学就像神秘而刺激的迷宫
而我们则是置身其中的探险家

如果我们认真观察身边的世界，就会发现，一些看似深奥的问题其实利用基础的物理知识和数学工具就能解答，从而在日常事件中收获"寻宝"的欣喜：

- 宇航员测量出月球与地球的距离，只是用上了"光线射到镜子上，入射角等于反射角"的原理；

- 牛顿的万有引力定律可以帮助我们算出，太阳和月亮引起的潮汐，哪个更大，以及潮汐如何让地球上一天的时间变长；

- 只要利用三角函数知识，你就能轻松搞定原子弹专家的方程式。

以上仅是本书涉及的众多趣味问题的一部分哦……顺便也感谢作者标志性的幽默，着实让我们对这本有趣、易懂又结合丰富知识的书爱不释手啊！

《未来黑科技通史》

[美]莱斯·约翰逊　约瑟夫·米尼　著

新宇智慧　译

定价：59.80 元

洞悉智造产业机遇与挑战
把握现代科技变革与人类文明演进趋势

畅想一下在不久的将来，我们生活中的所有物品都将是多功能的，《星际迷航》《银翼杀手》《头号玩家》等科幻电影中的未来世界甚至也会成为现实，而这一切都要归功于性能特殊、可变形、可编程的新型材料——石墨烯。

作为当今科学界和产业界当之无愧的"明星新材料"，石墨烯是一种单片厚度只有一个原子大小的二维碳材料，它拥有无与伦比的特性和巨大的应用价值，在现代信息产业、航空航天、国防军工、生物医学、能源与环境等领域都将带来颠覆性的技术变革，几乎覆盖人类的一切活动领域。

在《未来黑科技通史》这本跨越科学、经济、历史的作品中，NASA 物理学家莱斯·约翰逊和纳米技术领域科学家约瑟夫·米尼将带你俯瞰一整部新材料科学发展史，你可以把握近几十年来令人兴奋的创新浪潮，了解石墨烯在人工智能、星际探索、基因工程、脑机接口等前沿领域正在创造的奇迹，深刻洞察现代文明即将面临的崭新纪元。

READING YOUR LIFE

人与知识的美好链接

20 年来，中资海派陪伴数百万读者在阅读中收获更好的事业、更多的财富、更美满的生活和更和谐的人际关系，拓展读者的视界，见证读者的成长和进步。

现在，我们可以通过电子书（微信读书、掌阅、今日头条、得到、当当云阅读、Kindle 等平台），有声书（喜马拉雅等平台），视频解读和线上线下读书会等更多方式，满足不同场景的读者体验。

关注微信公众号"**海派阅读**"，随时了解更多更全的图书及活动资讯，获取更多优惠惊喜。你还可以将阅读需求和建议告诉我们，认识更多志同道合的书友。让派酱陪伴读者们一起成长。

微信搜一搜　🔍 海派阅读

了解更多图书资讯，请扫描封底下方二维码，加入"中资书院"。

也可以通过以下方式与我们取得联系：

📱 采购热线：18926056206 / 18926056062　　📞 服务热线：0755-25970306

✉ 投稿请至：szmiss@126.com　　🌐 新浪微博：中资海派图书

更 多 精 彩 请 访 问 中 资 海 派 官 网　　www.hpbook.com.cn ▸